想到了就做，不要轻易说NO

孙郡锴　编著

你能为自己带来梦想，也可能剥夺自己的梦想。

中国华侨出版社

图书在版编目（CIP）数据

想到了就做，不要轻易说NO/孙郡锴编著．—北京：中国华侨出版社，2016.9

ISBN 978-7-5113-6062-5

Ⅰ．①想… Ⅱ．①孙… Ⅲ．①人生哲学－通俗读物 Ⅳ．①B821-49

中国版本图书馆CIP数据核字（2016）第110933号

● 想到了就做，不要轻易说NO

编　　著	/孙郡锴
责任编辑	/文　喆
封面设计	/一个人·设计
经　　销	/新华书店
开　　本	/710毫米×1000毫米　1/16　印张/16　字数/225千字
印　　刷	/北京一鑫印务有限责任公司
版　　次	/2016年9月第1版　2019年8月第2次印刷
书　　号	/ISBN 978-7-5113-6062-5
定　　价	/32.00元

中国华侨出版社　北京市朝阳区静安里26号通成达大厦3层　邮编100028
法律顾问：陈鹰律师事务所
编辑部：（010）64443056　　64443979
发行部：（010）64443051　　传真：64439708
网　址：www.oveaschin.com
E-mail：oveaschin@sina.com

前言 PREFACE

　　叶子黄了，有再绿的时候；花儿谢了，有再开的时候；鸟儿飞走了，有再飞回来的时候；而生命停止了，却无法再挽回。时间的流逝永不停止，它一步一程，永不回头。时间，它是人们生命旅程中的匆匆过客，往往在我们不知不觉中，便悄然而去，不留下一丝痕迹。人们常常在它逝去以后，才渐渐发觉，留给自己的时间已经所剩无几。

　　时间是世界上一切成就的土壤。时间给空想者痛苦，给创造者幸福。

　　我们并非没有梦想，却未曾在当下足够努力。我们原本可以变得越来越好，变得让自己都对自己刮目相看。只是，我们常常被奋斗过程中的那些痛苦、那些理由，一点一点地消磨了拼劲，于是我们甘于平庸，最终虚度了年华，埋没在人海中。

　　其实毁掉我们的不是别人，正是我们自己，在年富力强的时候，每一个不曾起舞的日子，都是对生命的辜负。

　　诚然，也许我们并不完美，也许努力过后获得的也不够多；也许在通往未来的路上，的确有一堵高墙，高得让人有些害怕，但这一切，只能阻挡不够热情的人。事实上只要你足够努力，愿意往生命的开阔处走，往阳光多处走，便能推开黑暗的阻挡，遇见最美好的未来，成为更好的自己。

人生路，每走一步，都很艰难，这个世界上没有不带伤的人，但真正能够治愈自己的，只有自己。我们只有坚持走完，再回头时才能感受那份快乐，才能享受那份成功后的喜悦，而这一刻来自别人的掌声，永远地抵消了我们之前的痛苦，遗忘了那些看轻我们的人。

所以，不管前方的路多么坎坷，我们都要做好一个人面对的准备。

不再留恋过去的伤悲，如果实在太累，休息一下，然后，重新收拾行囊，重新开始上路，别后退，你可以偶尔停下回头，但是，更多的时候，你必须往前看。

过去必定会影响到现在，这是我们无法改变的，我们能改变的是，现在怎样去影响未来，是好还是坏？我们应该做的是，做好现在的自己，为未来做好准备。

做好现在的自己，为了未来能有一个尽可能少遗憾的人生，你应该知道怎么做的。

加油，站起来，往前看，朝前走。

目录 contents

Chapter 1
想到了就做，别让梦想萎缩

> 生活其实很简单，想到了就去做。就算生活是深渊，你也应该跳下去。因为没人看得见深渊下面是什么，我们只需抱着希望生活，仅此而已。

游戏人生，必然流于平庸 / 002

你离"橡皮化"究竟有多远 / 004

伟大的雏形只是一个梦想 / 007

要摘果子就请先爬到树上 / 009

无论如何，先行动起来再说 / 011

实干才是获得好运的最快途径 / 014

你应该去寻找属于你的梦想 / 016

快人一步，才能够抢占先机 / 018

Chapter 2
把小事做到极致，也叫成功

把每一件简单的事做好就是不简单，把每一件平凡的事做好就是不平凡。整天只知道为琐事忙碌的人，成不了大器，从来不关注小事的人，也成不了大事。

既然走出去，总得带回些什么 / 022

每天做件实事，哪怕微不足道 / 024

要是每天都能够成功一点点 / 025

小事做到极致，也能成大事 / 027

每一件小事都有它自己的意义 / 029

会做小生意，才能做成大生意 / 032

把小钱用好，也能成为大富豪 / 034

1%的错误会带来100%的失败 / 035

Chapter 3
随波逐流者，最容易走错路

当你想走自己的路时，不要因为别人或者不自信放弃自己的主见和追求。坚持自己，即使错了也不会后悔，因为是自己的选择，所以无怨无悔。人，要随波逐浪，而不是随波逐流。

别因盲从而失去了自我 / 040

跟风投资有风险 / 042

永远不要丢失自己的主见 / 044

勇敢地为自己而活 / 045

有自己的思想，才能成就别样的人生 / 047

别人的路，可能并不适合你 / 049

请留意那个人迹罕至的角落 / 051

有时候独木桥也会胜过阳关道 / 053

最可靠的意见来自你的内心 / 055

效仿别人，不如做最好的自己 / 057

走自己认为对的路，坚持到底 / 058

Chapter 4
在希望泯灭之前，一切皆有可能

就算再怎么不如意，也要对自己说：我还有希望！就算遭遇再大的挫折，也要对自己说：我还有希望！因为希望之灯一旦熄灭，生活刹那间就会变成一片黑暗。

很多事情并不像想象中那么糟 / 062

被冷水冲刷过的梦想会更加明朗 / 064

对你来说，希望才是最大的资产 / 066

心中有种子，将来必然会有收获 / 068

只要不绝望，就有走出绝境的可能 / 070

不向命运低头，就是征服了命运 / 072

微笑着面对生活中的苦难 / 074

只要心不盲，生活就还有方向 / 076

永远不要怀疑自己，永远不要 / 078

这个世界上，总有适合你的种子 / 080

无论如何，也不能让眼睛失去光泽 / 082

Chapter 5
人生，就是在不断延续挑战

所谓人生，就是不断挑战、不断攀登命运高峰的过程。生命中的挑战并不是要让你陷于停顿，而是要帮助你发现自我。一次挑战就是一次向自己和他人证明你能力的机会。

每个人心中都应该装有一座山 / 086

你的负担终将变成你最受用的礼物 / 088

有时你的人生仅仅需要一根刺 / 090

所谓瓶颈，只是你对自己的束缚 / 092

没有不可能，只有自我的不认同 / 094

如果不去尝试，怎能确定不行 / 096

人这一生，有些苦是必须要吃的 / 098

不管结局怎样，都不要逃避 / 100

对手，是上苍赋予我们的恩赐 / 102

无所畏惧，才能让自己勇往直前 / 104

要做，就做到最好 / 106

Chapter 6
一辈子，总要冒险搏一次

> 世界上有许多做事有成的人，并不一定是因为他比你会做，而仅仅是因为他比你敢做。勇气是人类最重要的一种特质，一旦有了勇气，人类的其他特质自然也就具备了。

成功，是需要胆识的 / 110

你不富有，是因为你不配拥有 / 111

有没有路，往前走走就知道了 / 113

勇气为你创造改变命运的机遇 / 115

果敢无畏，才更容易得到机会 / 118

勇于尝试，离成功更近 / 120

做大事，就要有破釜沉舟的决心 / 122

没有不冒风险就能赢得的成功 / 124

做别人想不到、不敢做的事情 / 127

敢于拼搏，实现人生的最大价值 / 131

冒险而不鲁莽 / 132

Chapter 7
给自己一份礼物：机会

> 我们多数人的毛病是，当机会朝我们冲奔而来时，我们兀自闭着眼睛，很少人能够去追寻它，甚至在绊倒时，还不能见着它。而一个明智的人总是抓住机遇，把它变成美好的未来。

机会随时都有，但有实力的人才能得到 / 136

如果没有准备，就别抱怨别人不给机会 / 138

生活的每一个细节中，都可能隐藏着机遇 / 140

即便只有1%的机会，你也必须试一试 / 143

成功不是等待恩赐，而是主动创造机会 / 146

在别人忽略的地方，寻找属于你的机会 / 149

敢于在关键时刻露一手 / 152

平时多做一点，你的机会才多一点 / 154

允许自己有一个重新选择的机会 / 155

Chapter 8
正是危机，给了人生转机

> 危机，对于胆大的人来说，是隐藏在危机后的机会，而对胆小的人来说，则眼睛只会看到危险，白白浪费和错过机遇。危机是对我们的考验，经得起考验的人，最后往往都能成功。

只有你能决定自己的厄运持续多久 / 160

危机毁不了你，毁掉你的是你自己 / 162

果敢处理危机，你便有了新的转机 / 164

置之死地能后生，投之亡地可后存 / 166

进退维谷之际，不如放手一搏 / 168

失败，可以成为站得更稳的基石 / 170

Chapter 9
不良习惯，会让你付出沉重的代价

习惯不是一律的，有好有坏。好的习惯，能够让人获益良多，而不良的习惯会阻碍你成功，甚至还会让你为其付出沉重的代价。

马马虎虎，一着不慎满盘皆输 / 174

顾虑重重，好运早已了无影踪 / 177

举棋不定，当断不断必受其乱 / 179

自满懈怠，不再超越就会被淘汰 / 181

依靠他人，已将自我彻底埋没 / 183

乞哀告怜，伏低做小卑不足道 / 186

固守常规，束缚自己错失良机 / 189

Chapter 10
惜时，勤勉，才能创造更高价值

成功女神是很挑剔的，她只让那些能把24小时变成48小时的人接近她。如果你勤勉，她会给你带来智慧和力量，如果你懒散，她只会给你留下一片悔恨。

最严重的浪费，就是浪费时间 / 192

把握住今天，才有美好的明天 / 194

把时间花在进步上，而不用来虚度 / 195

有效利用时间，才能创造更多价值 / 198

人生太短，必须去向效率要时间 / 200

分清轻重缓急，拣重要的事先做 / 202

善于利用，小时间也能办大事情 / 204

Chapter 11
不放弃，你的梦想值得你拼尽全力

要是爬山，你就爬到底，因为一跌倒就会跌到深渊里。成功往往是在最后一刻才蹒跚到来，失败只有一种，那就是放弃最后一刻的努力。

不要因为碰壁，就放弃努力 / 208

99%成功的欲望不敌1%放弃的念头 / 210

梦想只要能持久，就能成为现实 / 212

只要还在尝试，就还没有失败 / 215

人生进一步，才是海阔天空 / 217

先行一步，再行一步，也就到了 / 219

你的失败，或许只是最后一刻没有坚持 / 221

寂寞中的忍耐，将成就你的未来 / 223

Chapter 12
如果没有直通车，且行且转弯

如果尽了全力，依然一无所获，那么可能是这条路走错了。这个时候，我们需要承认错误，明智地绕过暗礁，避凶趋吉，让自己理性地抵达阳光的彼岸。

想要梦想实现，先要从梦中醒来 / 226

坚持错的目标，比没有目标更可怕 / 228

别在不属于自己的地方白费力气 / 230

放弃一个机会，可能得到更好的机会 / 231

如果尽力无功，就给自己一个新的机会 / 233

直路走不通，绕过去就是一条新路 / 235

有时绕个弯，反而能提前达到目的 / 238

人生也有回头路，而且可能是出路 / 239

Chapter 1
想到了就做,别让梦想萎缩

生活其实很简单,想到了就去做。就算生活是深渊,你也应该跳下去。因为没人看得见深渊下面是什么,我们只需抱着希望生活,仅此而已。

游戏人生，必然流于平庸

　　游戏人生，只会令自己变得轻率、无坚持，最终自己所做的一切都会化为泡影，自己也就一无所获。不能主宰自己，那就会沦为欲望的奴隶，最终只会在频繁的追逐中迷失自我，沉沦堕落！

　　游戏人生，必然流于平庸。不能主宰自己，必然被别人主宰。

　　马儿听说唐僧要去西天取经，立刻追随而去，经过九九八十一难，取回真经。回来后，马的好朋友驴问他："你走了那么远的路，是不是很辛苦啊？"马回答："其实，在我去西天这段时间，你走的路一点都不比我少！而且还被蒙住眼睛，被人抽打。其实，我是怕混日子更累！"

　　想法决定活法，毛驴对自己的一生没有想法，所以它只能围着磨盘转，被人蒙着眼睛，一辈子都在转圈圈，可是它的付出却一点也不少。

　　人生的困顿，来自内心的无知与迷茫。很多人混日子，结果就沦为平庸。时间都是一样的过，不同的态度，结果完全不同。

　　黄飞大学毕业以后进入一家国企做文职工作。最初的那段时间，他拼劲十足，任劳任怨，不论是写发言稿、做总结、上报材料还是跑腿打杂，甚至是给领导安排饭店、随行出差，他都做得尽心尽力。

黄飞自己都记不清有多少次，为了赶发言稿或者报告，大家都下班了，他还在办公室加班加点，困了就只在办公室的沙发上眯一会儿。这样热情饱满地工作一年之后，黄飞开始懈怠了，原因是他的努力并没有为自己赢得任何回报。从这以后，黄飞每天机械地上班下班，没有梦想，也没有追求，彻彻底底地开始混日子了。在他看来，反正无论自己多么努力，领导都不以为是，那么，累死累活也是活，混一天也是活，工资又不会少，何苦让自己那么辛苦呢？

的确，黄飞的工作变得越来越轻松了。然而仅仅又过了一年，公司精简机制，黄飞第一个被请走了。

一个玩世不恭的人，只知享乐，打发无聊的日子，让大好的时光都白白地流逝。他没有创造，就没有真正的享受，有的只是挑剔的生活，对他来说没有一样能真正给他带来快乐的东西，因为不是他创造的。

一个不能主宰自己的人，他不会感恩，而是挑剔。因为他一直活在别人的影子里，就算是别人的给予，也不会给他带来真正的快乐，所以他的生活格外的无聊、自私、狭隘，对他来说什么都是那么不完美。

他因着自己的懒惰和软弱而失去很多，同样也是因虚度人生，最终会带着不满足离开这个世界。

你离"橡皮化"究竟有多远

"辛苦了这么多年，我已经很累了，不如当一天和尚撞一天钟吧！"

"上班这一天其实很短暂，电脑一开一关，一天就过去了；电脑一关不开，合同就到期了。"

——以上这些话正高频率地出现在一个群体中。

曾一心想着做女金领、在公司内有"拼命三娘"之称的何蕊直到30岁才要孩子。怀孕期间她仍然坚持工作，甚至生孩子的当天还在公司忙活。然而，休完产假以后，她却变了一个人：每天来得最晚，走得最早，谈论的话题始终围绕着孩子。"到了我这个年龄，精力已经大不如前，工作和孩子只能顾一头，养育孩子对我来说是重中之重。所以，我现在的任务就是把孩子培养好，什么事业工作啊力不从心啦，得过且过吧。"

这样的人其实越来越多……

很多人，往往是随着成长而丧失勇气，因为一旦上了年纪便开始瞻前顾后，考虑得越多，胆子就变得越小，于是学会了假装没看见、装作没听到，于是有些事情能过得去就不去争取，有些事情即便不愿意也会说可以，有些事情即便能够也不尽全力。我们把这称之为成熟，甚至认为这就是成熟的代价，但在不经意间，我们竟变得越来越麻木，当我们察觉之时，心灵似乎已经停止了生长。

于是我们从此激情不再，没有神经，没有痛感，没有效率，没有反应。整个人就犹如橡皮一样，不接受任何新生事物和意见，对批评或表扬无所谓，没有耻辱感，也没有荣誉感。不论别人怎样拉扯，我们都可以逆来顺受，虽然活着，但活得没有一点脾气。

如果没有外力的挤压，我们就会懒懒地堆在那里，丝毫不肯折腾自己，一定要有人用力地拉着、扯着、管着、监督着，我们才能表现出那么一点张力，而一旦刺激消失，我们瞬间便又恢复了原样。

我们往往都是活在自己的世界里，绝缘、防水、不过电，浮不起，麻木冷漠故没有快乐，耗尽心力却不见成绩，人生，不但疲惫，更显悲催。

这就是"橡皮人"，无处不在！

"橡皮人"曾经也是激情四溢！只是梦破、梦醒或梦圆了，回到现实，所以无梦；只是活得单调、乏味、自我，日复一日，所以无趣；又或伤痛太多、太重、太深，无以复加，反而无痛；也可能是生活艰难、困顿、委屈，心生怨愤，不再期冀；抑或是惨遭打压、排挤、欺诈，心有余悸，故而萎靡。总之，那些社会的、个人的，主观的、客观的因素纠结在一起，共同制造了"橡皮人"。在这个社会上，他们俨然已经沦为打酱油的局外人，无梦、无痛、更无趣，职业枯竭、才智枯竭、动力枯竭、价值枯竭，最终情感也枯竭。

其实我们身边就不缺这样的例子，或许你本身业已染上了这种怪病。以女性为例，当下，很多女性都在呐喊着要嫁有钱人，她们为何会觉得金钱第一？这本身就是一种橡皮人病症。

或许曾经的她们，大学毕业以后也是美梦如花，她们找了一份不错的工作，很投入，也有了一些成绩。但两三年之后，升职的却是刚来公司不久的新人，据说那人与老板的关系非比寻常，于是她们忍不住感叹"能力终究败给了潜规则"！这时她们又发现，当年那些成绩不如自己的同学，有的风光升职，有的体面嫁人，于是便越发感觉自己内心中的清高和坚持一文不值，如果这时再有一个"钻石王老五"向她示爱，只要这个男人没有被毁过容，也不是什么性无能，那么她们多半是会接手的。然后，她们还要为自己辩解：这个时代，生活是荒谬的，做梦是奢侈的，激情是短暂的，麻木是必然的。虽然这更像是此地无银的遮羞，但从字里行间我们也不难看出个中的无奈与不甘，她们也试图让自己重新产生一点梦想、感觉、激情，但在大多数时候，却无能为力……

诚然，这个时代，价值观的飘荡，高房价、高就业的压力，人际关系的疏离……的确让我们感到无可奈何，这是一个社会化的问题，对于大环境我们无能为力，但这并不意味着我们就只能变得更加无为和消极。

其实人的生命是这样的——你将它闲置，它就会越发懒散，巴不得永远安息才好；你使劲折腾它，它就不会消极怠工，即使你将它调动至极限，它亦不会拒绝；尤其是在你将人生目标放在它面前时，不必你去提醒，它便会极力地去表现自己。所以，如果你还想活得有活力、活得滋润一些，那么无论如何请记住，永远别让心中的美梦间断，要将自己的生命力激发到极限，而不是刚刚成年，便已饱经沧桑。

伟大的雏形只是一个梦想

年轻时的一个梦想，就是一个金色的种子。它会抽芽，它会成长，它会努力实现最初的梦想。它无法预知未来的世界，也猜不出将面临怎样的磨难，但它是一个信念，会促使人一直向前。

美国第四大个人电脑生产商迈克尔·戴尔，29岁便成为富豪，但他既不是靠继承巨额遗产，也不是靠中彩，而是很早就有梦想的结果。

戴尔少年时期就勤奋好学，他在十来岁就开始了赚钱生涯——倒卖邮票。戴尔用赚来的2000美元买了一台电脑，然后把电脑拆开，仔细研究它的构造及运作，并多次安装成功。

中学时，戴尔找到了一份为报商征集新订户的工作。他推测，新婚的人最有可能成为订户，于是雇用别人为他抄录新近结婚的人的姓名和通讯地址。他将这些资料输入电脑，并向每一对新婚夫妻发出一封有私人签名的信，承诺赠阅报纸两周，一次就赚了1.8万美元，这样下来，没过多久，他买了一辆德国宝马。汽车推销员看到这个17岁的年轻人竟然用现金付账，惊愕得直吐舌头。

到了大学期间，迈克尔·戴尔经常听到同学们想买电脑的言谈，但由于售价太高，许多人买不起。于是戴尔想："经销商的经营成本并不高，为什么要让他们赚那么厚的利润？为什么不由制造商直接卖给用户呢？"戴尔知道，万国商用机器公司规定，经销商每月必须提取一定数额的个人电脑，而多数经销商都无法把货全部卖掉。他也知道，如果存货积压太多，经销商的损失会很大。于是，他按成本价购得经销商的存货，然后在宿舍里加装配件，改进性能。这些经过改良的电脑十分受欢迎。戴尔见到市场的需求量巨大，于是在当地刊登广告，以零售价的八五折推出他那些改装过的电脑。不久，许多商业机构、医疗诊所和律师事务所都成了他的顾客。

戴尔一边上学一边创业的事情终于被他父母知道了，他们担心戴尔的学习成绩会因此而受到影响。父亲劝他说："如果你想创业，等你获得学位之后再说吧。"戴尔觉得，如果按父亲的话去做，就是在放弃一个一生难遇的机会。"我认为我绝不能错过这个机会。"于是他又开始销售电脑，每月赚5万多美元。戴尔坦白地告诉父母："我决定退学，自己开公司。""你的梦想到底是什么？"父亲问道。"和万国商用机器公司竞争。"戴尔说。和万国商用机器公司竞争？他父母大吃一惊，觉得他太不自量力了。但他们无论怎么劝说，戴尔始终不放弃自己的梦想。终于，他们达成了协议：他可以在暑假试办一家电脑公司，如果办得不成功，到9月就要回学校去读书。

戴尔得到了父母的允许后，拿出全部积蓄创办戴尔电脑公司，当时他才19岁。他租了一间房作为办事处，雇用了一名28岁的经理负责处理财务和行政工作。在广告方面，他在一只空盒子底上画了戴尔电脑公司第一张广告的草图，然后按草图重绘后拿到报馆去刊登。

戴尔公司专门直销他改装的万国商用机器公司的个人电脑。第一个月营业额便达到 18 万美元，第二个月是 26.5 万美元，仅一年，戴尔公司就售出个人电脑 12000 台。戴尔公司由于采用积极推行直销、按客户要求装配电脑、提供不满意见以及对失灵电脑"保证翌日上门维修"的服务举措，为公司赢得了广阔的市场。大学毕业的时候，迈克尔·戴尔的公司每年营业额已达 7000 万美元。以后，戴尔停止出售改装电脑，转为自行设计、生产和销售自己的电脑。

如今，戴尔电脑公司在全球 16 个国家设有附属公司，每年收入超过 20 亿美元，有雇员约 5500 名。戴尔个人的财产，估计在 2.5 亿美元到 3 亿美元之间。

最伟大的成就在最初的时候只是一个梦想，梦想是我们未来的辉煌。也许，你现在的环境并不很好，但只要你有梦想并为之而奋斗，那么，你的环境就会改变，梦想就会实现。

要摘果子就请先爬到树上

要摘果子的人必须先爬上树，要知道梨子的滋味，就要亲口尝一尝。实践才是最好的导师，你要获得人生的果实，就要亲身去实践。

可能你很小的时候就开始崇拜成功者，可是长大了你会发现，他们之中的很多人，其实就是自己身边的普通人。你可能对他们很了解，如果抛开媒体的渲染，你甚至不知道该崇拜他们什么。可是，毕竟他们不平凡了，毕竟与你的社会地位不同了。为什么会这样呢？他们比你聪明？比你条件好？其实客观思考后你会发现，原因就在于，他们不懈地行动了。

有多少次，你也被那些名人的事迹、那些激动人心的话语，刺激得热血沸腾，只觉得浑身充满力量，恨不得就去大干一场。但可惜的是，它如大海的波浪，来得快去得也快。思想上的震颤，情感上的激动都只是短暂的，真正重要的还是行动。

有一个年轻人，刚刚20岁就因为没有饭吃饿死了。

他来到阎罗殿，阎王从生死簿上查出，这个人本该有60岁寿命，其一生也有千两黄金的福报，按理说不应该是这么个结局啊。

阎王心想：会不会是财神把这笔钱中饱私囊了呢？于是阎王去问财神。

财神说："我看这个人命格里的文才不错。如果写文章一定会发达，所以把1000两黄金交给文曲星了。"

阎王又问文曲星。

文曲星说："这个人虽然有文才，但是生性好动，恐怕不能在文章上发达。我看他武略也不错，如果走武行会较有前途，就把1000两黄金交给武曲星了。"

阎王再问武曲星。

武曲星说："这个人虽然文韬武略，却非常懒惰。我怕不论从文从武都不容易送给他1000两黄金，只好把黄金交给土地公了。"

阎王再把土地公叫来。

土地公说:"这个人实在太懒了。我怕他拿不到黄金,所以把黄金埋在他父亲从前耕种的田地里,从家门口出来,如果他肯挖一锄头就能挖到黄金了。可惜,他的父亲死后,他从来没有动过锄头,就那样活活饿死了。"

最后,阎王判了"活该",然后把 1000 两黄金收缴入库。

一个人,即便文韬武略,鸿运当头,但如果不肯脚踏实地,勤奋耕耘,就是黄金埋在近处也终究不会有所收获,而肯付出、肯实践的人,每走一步、每一锄头下去,也许都能获得千两黄金。这就是行动与不行动的差别。

记住,要摘果子你得先爬上树,要出人头地你得先付出。

无论如何,先行动起来再说

目标明确的人,知道自己想要什么;追求实际的人,知道为什么要去行动。

能够将"要什么"和"为什么要"连在一起,并知道"如何要"的人,肯定是有想法、有思路,且有实际行动力的。

世上的一些事,当我们没有走近它时,往往觉得它神秘莫测,因此会感到困惑、迷茫甚至充满敬畏。所以很多时候,我们选择能避则避,即便硬着头皮去接受,往往也是胆战心惊,在心理的作用下越发感到力不从心。其实，阻力并没有那么大。

这个时候，你首先应该考虑的是，能否用行动来检验它的难度，而不是用臆想将阻碍无限放大。

世界上牵引力最大的火车头停在铁轨上，为了防止它滑车，铁路工人只需在8个驱动轮前各塞一块1英寸见方的小木块，这个"大家伙"就会乖乖地原地待命。然而，一旦它开始启动，世界上就很少有东西能够阻挡它了。当它的时速达到100英里/小时时，即使是一堵5英尺厚的钢筋水泥墙，也会被它在瞬息之间撞穿。

从被几个小木块卡住到轻松撞穿一堵钢筋水泥墙，火车头何以变得如此威力无穷？因为它开动了起来。

其实，人也能够迸发出无比巨大的威力，许多看似厚重的障碍也能够轻松突破，但前提是：你必须让自己启动起来。否则，如果只是虚空想象，就会像停在铁轨上的火车头，连些许小木块也无法推开。

你可能想到过无数个好点子，但很遗憾，你没有把它们落到实处，所以现在的你和之前的你并没有什么两样。这个时代并不缺乏有头脑的人，但缺乏能把智慧付诸实践的人。有时候，你抢先一步，就能比别人多获得无数的好处。

三个旅行者徒步穿越森林，他们一边走一边讨论励志课上讲到的"行动的重要性"。他们聊得很入神，以至于没有意识到天色已晚，等到肚子抗议时才发现，所带的食物仅剩下一块面包了。

这是三位虔诚的信徒，他们决定不去争论该由谁来吃这块面包，而是把这个问题交给上帝决定。当晚，他们在祈祷声中入睡，希望上帝能发一个信号过来，指示谁能享用这份食物。

翌日一早，三个人被温暖的阳光唤醒，又聊了起来。

"我做了一个梦，"旅行者甲说，"在梦里，我到了一个从未去过的地方，那里充满了平静与和谐，这时上帝出现了，他对我说：'亲爱的孩子，你是我选择的人，你从不追求奢侈，总是奉献快乐，为了表示我对你的欣赏，我想让你去品尝这块面包。'"

"真是奇怪，"旅行者乙接过话来，"我也做了一个梦，梦到了自己光辉的过去和伟大的未来，当我凝视这即将到来的美好时，上帝出现了，他说：'亲爱的孩子，你比你的朋友更需要食物，因为你要领导许多人，需要力量和能量。'"

"你们真的太有思想了！"旅行者丙说，"昨天，我就在这里，见到了上帝，他对我说：'你还记得行动的重要性吗？'然后我就吃掉了那块面包。真要感谢上帝，在我饿得快要死的时候及时提醒了我。"

不要只是当作笑话来看，去冥想它幽默背后的深意：纵然你有一千个理由成功，但如果不去行动，那也不过就是一个梦。

人，有梦想，起码表示自己在精神层次上有所追求，但如果一直只让它停留在脑海中，对你人生的提升则不起丝毫作用。

所以，先行动起来再说，只有行动起来，才能了解事物的确切真相，才能把握事情的真切走向。我们眼前所谓的障碍，其实不过是些小木块，你没有行动，它便永远是你的阻碍。火车头只有在启动以后，才会爆发出惊世骇俗的力量，人只有在行动以后才能石破天惊。困难出现，呆坐着发愁，找理由回头，这是最容易摧毁心智的。所以，别被自己想象出来的困难吓倒，黎明前总会有一段黑暗，你穿越了黑暗，光明随之即来。

实干才是获得好运的最快途径

天上不会凭空掉下一个馅饼来，即使掉下来了，也不一定恰好落到你的头上。所以要获得"好运"，就要发挥主动性，寻找到"馅饼"的落点，稳稳地接住它。

一个朋友曾讲过他和妻子的故事：

我和妻子离家的时候，家乡的情况很不好，但是我们发现新地方的情况也不好，这里有许多像我一样的人，没有合适的工作岗位。我在家乡受过良好的教育，成绩优秀，获得了行医执照。但在这里我谁也不认识，根本不能指望病人找我看病。去医院求职更无望，因为从医学院毕业的高才生都很难在医院找到工作，当然别指望他们给我留个职位。我和妻子都很着急，我们有一点儿钱，可撑不了多久。但是，枯坐着干搓手无济于事。由于找不到工作，我们决定到乡下看一看。我们买了一辆旧车，开始上路。我们在旅途中的所见所闻令人高兴。乡下的情况比城里好，妻子说："为什么不当一名乡村医生呢？"

我对她说："别心血来潮了，人们都对外地人存有戒心，你的口音这么重，怎能指望在这种地方做医生呢？再说，你一定清楚，每个镇子都有医生。"

可是，只要妻子有了想法，再劝说也没用。从那时起，每当我们停车休息，她都会对路过的人说："这个镇子需要医生吗？"

当然，人们都以为她很怪，回答说不需要。我求她别问了，我说："求求你，这太让人难堪了。"可是她毫不在意。她是必须有事可做的女人，要不然就不高兴。后来我甚至讨厌停车，因为人一靠近，她马上就会问："你们这儿需要医生吗？"

几周后，妻子也有些灰心。一天，我们正在开车，我说："别说那些废话了。"她说："或许你是对的。"说完我们停下来休息。这时妻子与身边的人搭话。我还没来得及阻止她，她已经又提出那个老问题。让我惊讶的是，一个男人伸出头来说："你提这个问题，太有意思了。我们那个地方的老医生两天前刚得病死去，我们正想着尽快从外面请个医生来呢。"

妻子对我说："你看，机会来了！"于是，我们到这里跟当地人谈了谈，就开起了诊所。打那以后，一切都很顺利。我们交了许多朋友，再也不想搬家了。

馅饼不会从天上掉下来，等是永远等不来的，实干才是获得它们的最快途径。实际上，只要你下定决心，不要消极等待，而是积极地面对，主动出击，虽然可能会遭遇失败，但终究会抓到机会，交上好运。

你应该去寻找属于你的梦想

谁无所事事地度过今天，就等于放弃了明天，懒汉永远不可能获得成功，没有机遇只是失败者不能成功的借口。

当你眼巴巴地看着别人的幸福羡慕忌妒时，当你因为没有财富而落魄痛苦时，你一定也曾在心里为自己描绘过一些美丽的画面，可是为什么没能去实现？也许就是那么一会儿工夫，你觉得前面的路实在难走，你害怕了，你的心劲又散了，你又走回了老路。

其实人生说易不易说难不难，这世界比你想象中更加宽阔，你的人生不会没有出口，走出蚁居的小窝，你会发现自己有一双翅膀，不必经过任何人的同意就能飞。

多年前，英国一座偏远的小镇上住着一位远近闻名的富商，富商有个19岁的儿子叫希尔。

一天晚餐后，希尔欣赏着深秋美妙的月色。突然，他看见窗外的街灯下站着一个和他年龄相仿的青年，那青年身着一件破旧的外套，清瘦的身材显得很赢弱。

他走下楼去，问那青年为何长时间地站在这里。

青年满怀忧郁地对希尔说："我有一个梦想，就是自己能拥有一座宁静的公寓，晚饭后能站在窗前欣赏美妙的月色。可是这些对我来说简直太遥远了。"

希尔说:"那么请你告诉我,离你最近的梦想是什么?"

"我现在的梦想,就是能够躺在一张宽敞的床上舒服地睡上一觉。"

希尔拍了拍他的肩膀说:"朋友,今天晚上我可以让你梦想成真。"

于是,希尔领着他走进了富丽堂皇的别墅。然后将他带到自己的房间,指着那张豪华的软床说:"这是我的卧室,睡在这儿,保证像天堂一样舒适。"

第二天清晨,希尔早早就起床了。他轻轻推开自己卧室的门,却发现床上的一切都整整齐齐,分明没有人睡过。希尔疑惑地走到花园里。他发现,那个青年人正躺在花园的一条长椅上甜甜地睡着。

希尔叫醒了他,不解地问:"你为什么睡在这里?"

青年笑笑说:"你给我这些已经足够了,谢谢……"说完,青年头也不回地走了。

20年后的一天,希尔突然收到一封精美的请柬,一位自称"20年前的朋友"的男士邀请他参加一个湖边度假村的落成庆典。

在度假村,希尔不仅领略了眼前典雅的建筑,也见到了众多社会名流。接着,他看到了即兴发言的庄园主。

"今天,我首先感谢的就是在我成功的路上,第一个帮助我的人。他就是我20年前的朋友——希尔……"说着,他在众多人的掌声中,径直走到希尔面前,并紧紧地拥抱他。

此时,希尔才恍然大悟。眼前这位名声显赫的大亨欧文,原来就是20年前那位贫困的青年。

酒会上,那位名叫欧文的"青年"对希尔说:"当你把我带进寝室的时候，我真不敢相信梦想就在眼前。那一瞬间，我突然明白，那张床不属于我，这样得来的梦想是短暂的。我应该远离它，我要把自己的梦想交给自己，去寻找真正属于我的那张床！现在我终于找到了。由此可见，人格与尊严是自己干出来的，空想只会通向平庸，而绝不是成功。"

理想不是想象，成功最害怕空想。很多人想法颇多，但大多只是空想，他们年复一年地勾画着自己的梦想，但直至老去，依然一事无成。这是很可怕的。所以，若想做成一件事，就要先入局。在实践中充实自己、展现自己的才能，将该做的事情做好，证明自身的价值，如此你才能得到别人的认可。

所以，不要停下追逐梦想的脚步，有了蓝天的呼唤，就别让奋飞的翅膀在安逸中退化；有了大海的呼唤，就别让拼搏的勇气在风浪前却步；有了远方的呼唤，就不能让远行的信念在苦闷中消沉。因为一旦你停下，再大的梦想也不可能实现。去寻找吧，寻找人生的意义，只要你肯相信，肯追寻，就会有奇迹！

快人一步，才能够抢占先机

在现实生活中，感觉敏锐但行动迟钝的大有人在，他们看到别人成功后会说："早在几年前我就看到这个机会了，只是没有去做。"没有去做，当然要怪自己。没有果敢的行动，一切梦想都只能化作泡影。

蔡大明是温州一个知名度相当高的鞋业公司的老板,他有一个弟弟叫蔡大亮,家住在农村。改革开放之初,兄弟二人凭借特有的市场敏锐力,几乎同时看到了政府的富民政策给国家带来的巨大变化,人们开始摆脱过去那种自给自足的生活方式,穿衣戴帽都趋向了商品化。于是,蔡氏兄弟俩同时决定每人办一个制鞋厂。

蔡大明说干就干,在他作出决定后,就马上行动起来,请来了师傅,招聘了工人,买来了机器,采购了原料,不出半个月,蔡大明就把产品推向了市场。而蔡大亮则犹豫不决,行动迟缓,他想先看看哥哥干的结果如何,然后再决定是否行动。

刚开始的时候,蔡大明的制鞋厂办得并不顺利。一会儿市场打不开,产品销路不畅通;一会儿资金出了问题,周转不灵;一会儿财务人员管理跟不上,生产管理混乱;一会儿工资不能按时发放,工人生产的积极性下降,在厂里闹情绪。总而言之,几乎农民企业家创业能遇到的问题蔡大明全遇上了。看到这些,蔡大亮暗自庆幸自己明智,心想:自己多亏没有像哥哥那样立即行动,否则也会像他那样步履维艰。

蔡大明的制鞋厂的确遇到了未曾料到的一些经营困难,这些困难是任何人创业的时候都可能遇到的。更何况蔡大明是改革开放之初第一批创业打天下的人,那时可供借鉴的创业经验也非常少,一切都要"摸着石头过河"。但蔡大明并未被困难击垮,凭着顽强的拼搏精神和灵活的头脑,克服了一个又一个困难,在一年之后,他的制鞋厂终于渡过了难关,给了蔡大明一个满意的回报。

这时，看到哥哥骄人的业绩，蔡大亮则后悔不迭。他经过痛苦的思考，最终还是办起了自己的鞋厂。然而，先机已失，当蔡大亮办鞋厂的时候，全国鞋厂如雨后春笋一样在温州、石狮、青岛、成都等地出现。蔡大明的鞋厂就早办了一年，这一年时间为他赢得了众多的客户和市场，而蔡大亮到至今仍客户寥落。到2000年蔡大明已在全国建起了自己的庞大行销网络，拥有资产数亿元，而蔡大亮由于没有订单，没有自己的营销网络，他只能为哥哥的鞋厂进行加工，资产连哥哥的百分之一都不到。

这就是立即行动和迟疑不决的巨大差别。兄弟俩同时看到了机会，几乎同时作出了相同的创业决定。不同的是，蔡大明的行动准则是说干就干，蔡大亮的行动准则则是在有了八九成的把握后再动手。蔡大明的行动准则是非常积极的，尽管他的行动没有十足的把握，但他的行动本身就可以弥补行为的缺陷，因而成功率非常高；蔡大亮的行动准则表面上看起来很稳妥，但这种稳妥往往却以失去机会作为巨大的代价。

在一百个把握机会却失败的事例中，至少有一半以上是因为做事不够果断导致的。要想把握住难得的机会，就要在机会面前果断决策、果断抓牢。我们反对做事一味地蛮干、瞎干，但我们更赞成、更支持、更强调瞅准机会、有了创业设想和计划就毫不迟疑、立刻行动。

能够抓住机会的人，下决心时十分果决，而且在执行过程中绝不轻易更改决定，不管外界环境如何恶劣都坚守决定。这样的人不仅能够抢占先机，而且还能创造出越来越多的机会。

Chapter 2
把小事做到极致,也叫成功

　　把每一件简单的事做好就是不简单,把每一件平凡的事做好就是不平凡。整天只知道为琐事忙碌的人,成不了大器,从来不关注小事的人,也成不了大事。

既然走出去，总得带回些什么

人过留名，雁过留声，来这世上走一遭，总得做点什么。

年轻时我们常困惑于生命的意义，猜测着人从哪里来，思考着该向哪里去，也常因无知而终日感慨要出世，自以为远离凡尘俗世，避开纷纷扰扰便是大彻大悟，殊不知，连生活到底是什么样子都没体验过，一张白纸般的人生又何谈彻悟。

人活着，每天至少应该做点什么，让自己有点收获。

猎户早年丧妻，带着儿子住在山里，两人相依为命。几天前，猎户不小心摔伤了腿，只好卧床休养。现如今，家里的柴米不多了，猎户便让儿子去山下的舅舅家借些米回来度日。

傍晚，儿子两手空空地回来了。猎户问他："怎么？你舅舅不肯借米给我们？"

儿子说："不是，舅舅的村子闹灾荒，地里的庄稼都被蝗虫吃了，颗粒无收，舅舅家没有米，他向村里人借，也没有借到。"

第二天，猎户让儿子去远一点的叔叔家借米，或许那里的情况会好一些。

仅仅过了两个时辰，儿子就两手空空地回来了。猎户问他："你怎么没有去叔叔家？"

儿子回答说："这几天雨水不断，通向叔叔家的那座桥被水淹没了，附近也没有渡船，我就回来了。"

连续两天，父子二人只能以野菜度日，到了第三天，洪水退了，猎户又让儿子去借米。儿子这次下决心一定要借到米。他走过那条河，来到叔叔所在的村庄。然而，他看到的景象实在是太惨了。因为洪水，这里发生了瘟疫，疫情蔓延，叔叔家的灶膛已经几天没有烟火味了。叔叔带着他去借米，但家家户户大门紧闭，无论怎样敲门，就是没有人理睬。

儿子沮丧地回到山上，心里已经做好了挨骂的准备。

猎户见儿子又没借到米回来，问明缘由后沉思片刻，对儿子说："你借不到米也是事出有因，我并不怪你，但你出门三次，总得带些什么回来吧！第一次出门，遭遇蝗灾，但也可以顺手捡一些柴火；第二次出门，洪水蔓延，但你可以就近采一些山果；这次回来，哪怕是你只带回来一壶水、一颗掉落在地上的麦穗，我也不会失望。尽管这些都很琐碎、细小，并不能解决我们现在的问题，但一把柴火，即便被雨水打湿了，也可以待天晴晒干备不时之用；山果虽然还不十分成熟，但至少可以让我们的肚子里有些干货；一壶水、一颗麦穗虽然不起眼，但起码能够体现出你走路的价值啊！"

有时候我们就像那个孩子，生命就是奔波的路途，每一天我们走出去，都有值得我们带回来的东西。

如果我们每天都或多或少、或大或小、或有形或无形、或物质或精神、或意料之外或意料之内地做一些利己利他利社会的事情，那么，每天就能收获一点点，进步一点点，就会感到每天都过得很充实、很有成就感，精神上也很愉悦，就能够体会到生活的快乐、人生的幸福与生命的价值。

每天做件实事，哪怕微不足道

每天起码做一件实事，哪怕微不足道，你的这一天就会过得踏实而无憾。

美国有一位图书馆馆长，每天早上8点，总是亲自为自己的图书馆开门，然后对第一批踏进图书馆大门的读者致意请安，再巡视一番后，才去自己的办公室。

有人告诉他，馆长不必做这些小事。而他却认真地回答："我来开门，是因为这是我一天做的事里，唯一能对图书馆真正有用的。"

每一天过来，忙忙碌碌之余，你是否反思过，你做了哪些实实在在的事？不要小看那些小如开门的琐事，它构成我们生活中最细致、最亲切的一环。在我们心存高远的时候，不要忽略眼下的每一个细节，正如树枝上的一个小芽，明天它就是一片翠绿。

1969年，鲁冠球拿了4000元人民币带了几个农民工，就这样起来了，现在资产以百亿计算的万向集团有声有色。对于自己的成功，鲁冠球说了这样一句话："一天做件实事，一月做件新事，一年做件大事，一辈子做件有意义的事。"

短短一句话看似平常，做起来谈何容易。鲁冠球先生从4000元创业到每年数百亿元营业额，用了39年时间把一间铁匠铺做成了真正的跨国公司，并能在商海的大潮里驰骋40多年屹立不倒，恐怕满中国数也数不出几个人来，鲁冠球当仁不让，算是其中一个。他之所以如此成功，自然与他做事的态度是分不开的。

每天做一件实事，哪怕微不足道，或许它们并不能促成惊天动地的大事，但一定能让你的人生有所收获。无论哪一方面，只要每天都有所收获，有所进步，有所提高，哪怕只是一点点，我们的日子就算是没有白过。

也许，人生注定平凡，我们也要做点儿什么，不能庸庸碌碌、无所事事地活着。

要是每天都能够成功一点点

当我们被生活中的小事包围以后，常因此迷失，感觉彼时的梦想越走越远，风霜的磨砺和肩上的重担让我们不知所措，我们常不知道接下来该怎么办。

那么，下面这个故事一定能够给你以启迪。

有一只新组装好的小钟被放在了两只旧钟当中。两只旧钟"嘀嗒"、"嘀嗒"一分一秒地走着。

其中一只旧钟对小钟说："来吧，你也该工作了。可是我有点担心，你走完3200万次后，恐怕便吃不消了。"

"天哪！3200万次。"小钟吃惊不已，"要我做这么大的事？办不到，办不到。"

另一只旧钟说："别听它胡说八道。不用害怕，你只要每秒钟嘀嗒摆一下就行了。"

"天下哪有这样简单的事。"小钟将信将疑，"如果这样，我就试试吧。"

小钟很轻松地每秒钟"嘀嗒"摆一下，不知不觉中，一年过去了，它摆了3200万次。

每个人都渴望梦想成真，成功却似乎远在天边遥不可及，倦怠和不自信让我们怀疑自己的能力，放弃努力。其实，我们不必想以后的事，哪怕是一年甚至一月之后的事，只要想着今天我要做些什么，明天我该做些什么，然后努力去完成，就像那只钟一样，每秒"嘀嗒"摆一下，成功的喜悦就会慢慢浸润我们的生命。

相比于一生，一天真的很短，以一年365天，一生75岁计算，从18岁成人算起，除去吃喝拉撒、精力不济等种种因素虚度掉的10年，还有近50年我们可以用来每天努力为确定的目标付出，如果每天接近目标并成功1%，大概有近183个大目标我们完全可以实现、成功。

我们几乎每天都找借口说自己很忙,一年下来真正做成功的事情并没有多少,想想有多少1%被我们所忽略、放弃?!当我们确定一个大目标时,短期内看上去这个目标很遥远、缥缈,但当我们把它分解到年、月、日,分解到时、刻、分、秒,分解到1%,如果我们每时每刻为1%付出99%的努力,遥远的目标将一下子变得清晰、现实起来!

每天成功1%只是一个为了大目标而努力的落脚点,而当1%逐步上升为100%,1变成10,变成100、1000、10000,甚至更多时,我们就能将成功的桂冠挂在胸前了。

小事做到极致,也能成大事

不屑于平凡小事的人,即使他的理想再壮丽,也只能是一个虚幻的海市蜃楼。想要有所成就,必须脚踏实地,专注于小事。

世间大事无不是由小积累而来的。我们的生活就是由一件件微不足道的小事组成的,但不能因为它小就忽视它。事实上,世界上所有的成功者,他们与我们一样都做着同样简单的小事,唯一的区别就是,他们从不认为正在做的事是简单的小事。

明朝万历年间,中国北方的女真为患。皇帝为了抗御强敌,决心整修万里长城。当时号称"天下第一关"的山海关,早已年久失修。城楼上"天下第一关"的题字,由于年代久远,其中的"一"字,已经脱落。于是,万历皇帝募集各地书法名家,希望恢复山海关城楼上题字的本来面貌。各地名士闻讯,纷纷献来墨宝,然而收集上来的"一"字,没有一个能与原来"天下第一关"的题字相匹配。于是,皇帝再次下诏,只要能够获选,重金赏赐。经过严格筛选,结果出乎意外,最后中选的竟是山海关旁一家客栈的店小二。

  题字当天,小店被挤得水泄不通,早有人备妥了笔墨纸砚,等候店小二前来挥毫。但店小二舍弃狼毫不用,抬头看了看山海关的牌楼,拿起一块抹布往砚台里一蘸,大喝一声"一",干净利落,一个绝妙的"一"字立刻显现。旁观者无不惊叹。有人问店小二:"为何能够如此洒脱地写出'一'字?"店小二有些窘迫地挠挠后脑勺,勉强地答道:"其实,我也没什么秘诀。只是在这里当了30多年的店小二,每当我擦桌子时,就望着牌楼上的'一'字,一挥一擦,就这样练成了。"

  原来店小二的工作地点,正好面对山海关的城门。每当他弯下腰,拿抹布清理桌上的油污时,刚好视角正对准"天下第一关"的"一"字。由此,他天天看、天天擦,数十年如一日,久而久之,熟能生巧、巧而精通,这就是他能够把"一"字临摹得炉火纯青、惟妙惟肖的原因。

  再小的事情做到极致也能成就大事。一些在各行各业出类拔萃的人,尽管他们的优点不一而足,成就也各不相同,但他们却都有一个共通的基本特点：专注细节，把小事做到完美。因为看重小事，所以能够投入精力；因为专注细节，所以能够心无旁骛勇往直前，达到专业与精通。

每一件小事都有它自己的意义

没有一件事情是没有意义的，每一件小事都有自己的意义。

我们每个人所做的工作，都是由一件件小事组成的，因此，我们不能忽视工作中的小事。其实，无论大事小事，关键在于你的选择，只要选择对了，你的小事也就成了大事。

美国标准石油公司曾经有一位小职员叫阿基勃特。他在出差住旅馆的时候，总是在自己签名的下方，写上"每桶4美元的标准石油"字样，在书信及收据上也不例外，签了名，就一定写上那几个字。他因此被同事叫作"每桶4美元"，而他的真名倒没有人叫了。

公司董事长洛克菲勒知道这件事后说："竟有如此努力宣扬公司声誉的职员，我要见见他。"于是，洛克菲勒邀请阿基勃特共进晚餐。

后来，洛克菲勒卸任，阿基勃特成了第二任董事长。

也许，在我们大多数人的眼中，阿基勃特签名的时候署上

"每桶4美元的标准石油"，这是小事一件，甚至有人会嘲笑他。

可是这件小事，阿基勃特却做了，并坚持把这件小事做到了极致。那些嘲笑他的人中，肯定有不少人才华、能力在他之上，可是最后，他却成了董事长。

可见，任何人在取得成就之前，都需要花费很多的时间去努力，不断做好各种小事，才会达到既定的目标。

一个人的成功，有时纯属偶然，可是，谁又敢说，那不是一种必然呢？

恰科是法国银行大王，每当他向年轻人谈论起自己的过去时，他的经历常会唤起闻者深深的思索。人们在羡慕他的机遇的同时，也感受到了一个银行家身上散发出来的特质。

还在读书期间，恰科就有志于在银行界谋职。一开始，他就去一家最好的银行求职。一个毛头小伙子的到来，对这家银行的官员来说太不起眼了，恰科的求职接二连三地碰壁。后来，他又去了其他银行，结果也是令人沮丧。但恰科要在银行里谋职的决心一点儿也没受到影响。他一如既往地向银行求职。有一天，恰科再一次来到那家最好的银行，"不知天高地厚"地直接找到了董事长，希望董事长能雇用他。然而，与董事长一见面，他就被拒绝了。对恰科来说，这已是第52次遭到拒绝了。当恰科失魂落魄地走出银行时，看见银行大门前的地面有一根大头针，他弯腰把大头针捡了起来，以免伤人。

回到家里，恰科仰卧在床上，望着天花板直发愣，心想命运为何对他如此不公平，连让他试一试的机会也没给，在沮丧和忧伤中，他睡着了。第二天，恰科又准备出门求职，在关门的一瞬间，他看见信箱里有一封信，拆开一看，恰科欣喜若狂，甚至有些怀疑这是否在做梦，他手里的那张纸是银行的录用通知。

原来，昨天恰科蹲下身子去捡大头针的情景，被董事长看见了。董事长认为如此精细谨慎的人，很适合当银行职员，所以，改变主意决定雇用他。正因为恰科是一个对一根针也不会粗心大意的人，因此他才得以在法国银行界平步青云，终于有了功成名就的一天。

于细处可见不凡，于瞬间可见永恒，于滴水可见太阳，于小草可见春天。上面说的都是一些"举手之劳"的事情，但不一定人人都乐于做这些小事，或者有人偶尔为之却不能持之以恒。可见，"举手之劳"中足以折射出人的崇高与卑微。

一个能够成就大业的人，一定具备一种脚踏实地的做事态度及非凡的耐心及韧性。正是他们对小事情的处理方式，为他们成就大业打下了一个良好的基础。因此，古人说"勿以事小而不为"，选择小事同样可以成就大业。

会做小生意，才能做成大生意

很多人总看不起一些小生意，好像要赚大钱就得搞房地产、卖汽车。这种想法其实大错特错了，看不起小生意的人最后只会落得个"大钱赚不着，小钱不会赚"的下场。

成功源于发现细节，一桩小生意里很可能暗藏着大乾坤，一个不起眼的小机会说不定就能让你创造奇迹。

范先生选择在欧洲的丹麦发展，混迹生意场几年，他想到利用自己独具特色的手艺可以广纳财源，于是就开了一家中国春卷店。开始时生意并不好。范先生一番调查后明白了，纯粹的中国式春卷并不合欧洲人的口味。他重新进行精心选择和配制，不再运用中国人常用的韭菜肉丝馅心，而是采用符合丹麦人口味的馅心。这一独具匠心的改变，外加范先生的不懈努力，原来惨淡经营的小店顾客络绎不绝，慕名而来者云集，积累了资金后，范先生不失时机地扩大生意。范先生就是凭着自己非同寻常的观察视角，利用有利的时机把事业推向高峰的。

他放弃了以前的手工操作，开始采用自动化滚动机新技术来生产中国春卷，并投资兴建了"大龙"食品厂，还建了相配套的冷藏库和豆芽厂。生意越做越大，范先生的春卷开始向丹麦以外的国家出口。他坚持"中国春卷西方口味"这一秘诀，针对欧洲各国人的不同口味，采用豆芽、牛肉丝、火腿丝、鸡蛋或笋丝、木耳、鸡丝、胡萝卜丝、白菜、咖喱粉、鲜鱼等不同原料来制作，生产出来的春卷营养卫生、香脆可口，风格各异，因而深受欧洲各国人的喜欢。

由于大龙春卷价格稳定，又适合西方人口味，范先生的订单滚滚而来，生意扩展到欧洲各国。

1986年，墨西哥正在举办第13届世界杯足球赛的时候，大批球迷忙于看球连吃饭都顾不上。范先生抓住这个机会，按照墨西哥人的口味习惯，生产了一大批辣味春卷销往墨西哥，结果被抢购一空。

范先生不断扩大生产规模，运用新的设备和技术，由原本默默无闻的小商贩一举成为赫赫有名的大商户。由于他的公司产品质量上乘，服务一流，中国式春卷名声大振。

作为商人，怎样将渴望变成现实，并以小赚大呢？这是功力同时也是智慧的呈现。

许多经商者渴望自己能做大宗买卖，赚大钱，但那毕竟是"大款"的专利，底子薄的人可望而不可即。其实，小生意也可以带来高利润，小东西一样可以赚大钱。范先生就是这样慧眼独具，靠小春卷起家，成了大富翁的。

成功会偏爱那些留心小事物的有心人。小细节、小机会中也蕴藏着致富的机遇，很多时候留心小事物就能抓住打开成功之门的钥匙，因此小生意不但不能轻视，反而要更加重视。

把小钱用好，也能成为大富豪

我们要记住，钱是可以生钱的，因此不可轻视小钱，因为经过良好的运作，小钱同样可以做成大生意。

拉里·艾德勒14岁时，成就就相当杰出了。如今，他经营着三种生意，年收入已超过10万美元。

拉里·艾德勒是在9岁那年开始小本创业的。那年，凭着父亲借给他的19美元，他开设了一间剪草公司。他独自一个人，靠一部二手剪草机找活干。一年之后，他用赚来的钱投资，又买了一台新机器，第三年，又买了5台机器，生意就像滚雪球一样越滚越大了。

拉里·艾德勒经营的剪草公司，还将专利出售给美国、加拿大等对此项目有兴趣的人，同时，拉里还到处去讲学，教人如何经营剪草公司。拉里的公司除了为客户剪草之外，还兼做扫落叶和铲雪服务。

拉里的第二种生意，是开设了一间儿童用品专卖公司。有一次，拉里进了1万个胶篮，然后把一些糖果装进篮中交给零售店，结果一下子都卖光了。拉里善于组织各种货物，将它们组合后出售，使客源不断。

拉里的第三家公司，是为教青少年如何做企业家提供服务的咨询公司。拉里在公司里教授与自己年龄相仿的人如何经商赚钱，还借给他们本钱，鼓励他们积极创业。

拉里说："做生意不在乎年龄大小，也不在乎本钱多少，关键要有创意，要用独特的眼光去看待每一件事，找出它们能够生财的支点来，然后你就知道该怎样做了。"

拉里的目标是，在 18 岁时赚足 4 亿美元。

听到小男孩拉里·艾德勒故事的人免不了要对"小不点"肃然起敬。不仅是佩服他小小年纪就有雄心壮志，更是佩服他独具匠心的创业方式，用小钱做成了大生意。

想赚钱就要不惧钱少，不厌利小，尤其是我们家底薄弱时，更应该对小商品、小利润给以更大的关注，勿以其小而不为，只要你全力去做，小投入也会成大气候。不过，这也需要你有头脑、有创意才行。

1%的错误会带来 100%的失败

一件小事，你要干漂亮了，它就能成就你的人生。然而，你要不把它当回事儿，它也能给你带来刻骨铭心的教训。

当巴西海顺远洋运输公司派出的救援船到达出事地点时，"环大西洋"号海轮消失了，21名船员不见了，海面上只有一个救生电台有节奏地发着求救的摩氏码。救援人员看着平静的大海发呆，谁也想不明白在这个海况极好的地方到底发生了什么，导致这条最先进的船沉没。这时有人发现电台下面绑着一个密封的瓶子，打开瓶子，里面有一张纸条，21种笔迹，上面这样写着：

一水理查德：3月21日，我在奥克兰港私自买了一个台灯，想给妻子写信时照明用。

二副瑟曼：我看见理查德拿着台灯回舱，说了句这个台灯底座轻，船晃时别让它倒下来，但没有干涉。

三副帕蒂：3月21日下午船离港，我发现救生筏施放器有问题，就将救生筏绑在架子上。

二水戴维斯：离港检查时，发现水手区的闭门器损坏，用铁丝将门绑牢。

二管轮安特耳：我检查消防设施时，发现水手区的消防栓锈蚀，心想还有几天就到码头了，到时候再换。

船长麦凯姆：起航时，工作繁忙，没有看甲板部和轮机部的安全检查报告。

机匠丹尼尔：3月21日下午理查德和苏勒的房间消防探头连续报警。我和瓦尔特进去后，未发现火苗，判定探头误报警，拆掉交给惠特曼，要求换新的。

机匠瓦尔特：我就是瓦尔特。

大管轮惠特曼：我说正忙着，等一会儿拿给你们。

服务生斯科尼：3月23日13点到理查德房间找他，他不在，坐了一会儿，随手开了他的台灯。

大副克姆普：3月23日13点半，带苏勒和罗伯特进行安全巡视，没有进理查德和苏勒的房间，说了句"你们的房间自己进去看看"。

一水苏勒：我笑了笑，没有进房间。

一水罗伯特：我也没有进房间，跟在苏勒后面。

机电长科恩：3月23日14点我发现跳闸了，因为这是以前也出现过的现象，没多想，就将闸合上，没有查明原因。

三管轮马辛：感到空气不好，先打电话到厨房，证明没有问题后，又让机舱打开通风阀。

大厨史若：我接马辛电话时，开玩笑说，我们在这里有什么问题？你还不来帮我们做饭？然后问乌苏拉："我们这里都安全吧？"

二厨乌苏拉：我回答，我也感觉空气不好，但觉得我们这里很安全，就继续做饭。

机匠努波：我接到马辛电话后，打开通风阀。

管事戴思蒙：14时半，我召集所有不在岗位的人到厨房帮忙做饭，晚上会餐。

医生莫里斯：我没有巡诊。

电工荷尔因：晚上我值班时跑进了餐厅。

最后是船长麦凯姆写的话：19点半发现火灾时，理查德和苏勒房间已经烧穿，一切糟糕透了，我们没有办法控制火情，而且火越来越大，直到整条船上都是火。我们每个人都犯了一点错误，但酿成了船毁人亡的大错。

　　看完这张绝笔纸条，救援人员谁也没说话，海面上死一样地寂静，大家仿佛清晰地看到了整个事故的过程。

　　巴西海顺远洋运输公司的每个人都知道这个故事。此后的40年，这个公司再没有发生过一起海难。

　　万事皆因小事而起，你轻视它，它一定会让你吃大亏的。

　　在日渐浮躁的商业社会，希望获得更好结果的人们，总是无休止地在追逐着下一个目标，至于过程中的"小"问题，似乎谁都懒得去理会，但他们恰恰忘记了这正是可以带来好结果的关键所在。

Chapter 3

随波逐流者，最容易走错路

　　当你想走自己的路时，不要因为别人或者不自信放弃自己的主见和追求。坚持自己，即使错了也不会后悔，因为是自己的选择，所以无怨无悔。人，要随波逐浪，而不是随波逐流。

别因盲从而失去了自我

倘若你把整个世界弄到手,却丢了自我,那就等于把王冠扣在苦笑着的骷髅上。世界上最可怕的事情就是迷失了自我。一旦在盲从中失去了自我,那么,无论如何也是换不来成功的。

在西方,有一则流传很久的小故事,很有趣味,其中蕴含的道理也很值得我们深思。

有一个人为了和情人约会,急匆匆地往希尔顿饭店跑去。另一个人也跟着跑了起来,这可能是个兴致勃勃的报童。第三个人,一个有急事的胖胖的绅士,也小跑了起来……10分钟之内,这条大街上所有的人都跑了起来。嘈杂的声音逐渐地清晰起来了,可以听清"大堤"这个词。"决堤了!"这充满恐惧感的声音,可能是电车上的一位老妇人喊的,或许是一个交通警察说的,也可能是一个小男孩说的。没有人知道究竟是谁说的,也没有人知道真正发生了什么事。但是2000多人都突然溃逃起来。"向东!"人群喊了起来——东边远离大河,东边安全。"向东去!向东去!"

这就是从众效应,所谓从众效应,是指个体受到群体的影响而怀疑、改变自己的观点、判断和行为等,以便和他人保持一致。对于这种行为要求的依据或必要性缺乏认识与体验,跟随他人行动的现象,在日常生活中通常表现为"随大流""无主见"。在认知事物、判定是非的时候，多数人怎么看、怎么说，自己就跟着怎么看、怎么说，人云亦云；多数人做什么、怎么做，自己也跟着做什么、怎么做，缺乏独立思考的能力。

一天，苏格拉底拿出一个苹果对他的学生们说："现在，大家来闻一闻空气中的味道。"一个学生马上回答说："这空气中有股苹果的香味。"苏格拉底举着苹果慢慢从每位学生身旁走过，并让大家仔细闻一闻，空气中到底是什么味道？这时大多数学生都已经举起手来，苏格拉底又问了一遍刚才的问题。这一次，除了一名学生外，其他学生都回答说，闻到了一种苹果的香味。苏格拉底问那个没举手的学生："你真的什么气味也没有闻到吗？"那位学生十分肯定地回答："我真的什么气味也没有闻到！老师。"苏格拉底指着这个学生说："只有他是对的，因为我手里拿的是一只假苹果。"

这名学生就是后来大名鼎鼎的哲学家柏拉图。

与依赖同样有害的是盲从。盲从的人，没有思想，徒有躯壳，当他们以别人为方向一拥而上时，结果往往步入盲目的泥潭，走进人生的死胡同。也正因为如此，柏拉图最终名垂青史，而他的那些同学无不如时空里的微尘，早已了无痕迹。

别总相信他人的眼睛是雪亮的，众人也有盲目的时候。看看留在历史上的那些有名有姓的人，几乎都是特立独行的代表，"宁可抱香枝上老，不随黄叶舞秋风。"对人对事，我们应该养成独立思考的习惯。

跟风投资有风险

在生活中，经常能听到这样的广告：你买我买大家买。一片轰轰烈烈。既然"大家"都买了，如果我还不赶快动手，岂不是要与时尚脱钩了？殊不知，正是这一味盲目的从众心理，扼杀了一个人的积极性、判断力和创造力。

"一项新事业，在十个人当中有一两个人赞成就可以开始了；有五个人赞成时，就已经迟了一步；如果有七八个人赞成，那就为时太晚了。"一个缺乏主见和个性的人注定不会获得多么惊人的成功，至多是随大流而获得一些小利益罢了。

从投资角度讲，"跟风"的结果只能是永远慢半拍，往往是高投入，低收益，因为大家都在做，市场已经接近饱和。更何况，还有些不良炒家利用各种手段设局炒作，有些盲从者往往会受到误导陷入骗局。

股神巴菲特对于这种现象给出了警告："在其他人都投资了的地方去投资，你是不会发财的！"这句话被称为"巴菲特定律"，是股神多年投资生涯的经验总结。从20世纪60年代低价收购了濒临破产的伯克希尔公司开始，巴菲特创造了一个又一个的投资神话。有人计算过，如果在1956年，你的父母给你1万美元，并要求你和巴菲特共同投资，你的资金会获得27000多倍的惊人回报，而同期的道琼斯工业股票平均价格指数仅仅上升了大约11倍。在美国，伯克希尔公司的净资产排名第五，位居时代华纳、花旗集团、美孚石油公司和维亚康姆公司之后。

能取得如此辉煌的成就，正是得益于他所总结出的那条"巴菲特定律"。很多投资人士的成功，其实都是因为通晓这个道理。

美国淘金热时期，淘金者的生活条件异常艰苦，其中最痛苦的莫过于饮水匮乏。众人一边寻找金矿，一边发着牢骚。一个人说："谁能够让我喝上一壶凉水，我情愿给他一块金币"；另一个人马上接道："谁能够让我痛痛快快喝一回，傻子才不给他两块金币呢。"更有人甚至提出："我愿意出三块金币！"

在一片牢骚声中，一位年轻人发现了机遇：如果将水卖给这些人喝，会比挖金矿赚到更多的钱。于是，年轻人毅然结束了淘金生涯，他用挖金矿的铁锹去挖水渠，然后将水运到山谷，卖给那些口渴难耐的淘金者。一同淘金的伙伴纷纷对其加以嘲笑——"放着挖金子、发大财的事情不做，却去捡这种蝇头小利"。后来，大多数淘金者均"满怀希望而去，充满失望而归"，甚至流落异乡、挨饿受冻，有家不得归。但那位年轻人的境况则大不相同，他在很短的时间内，凭借这种"蝇头小利"发了大财。

记住，每一个商机出现时，能把握住商机赚到大钱的只是少部分人。不赚钱的永远是大部分人，你跟着这大部分亏钱的投资人，焉有挣钱之理？所以，投资一定要眼光独到，要有自己的方向和规划，要做最早发现商机并赚到大钱的那一少部分人。

永远不要丢失自己的主见

有一名中文系的学生，用心撰写了一篇小说，请作家批评。因为作家正患眼疾，学生便将作品读给作家听。读到最后一个字，学生停顿下来。作家问道："结束了吗？"听语气似乎意犹未尽，渴望下文。这一追问，煽起学生的激情，立刻灵感喷发，马上接续道："没有啊，下部分更精彩。"他以自己都难以置信的构思叙述下去。

到达一个段落，作家又似乎难以割舍地问："结束了吗？"

小说一定摄魂勾魄，叫人欲罢不能！学生更兴奋，更激昂，更富于创作激情。他不可遏止地一而再、再而三地接续、接续……最后，电话铃声骤然响起，打断了学生的思绪。电话找作家，有急事。作家匆匆准备出门。

"那么，没读完的小说呢？"学生问。

"其实你的小说早就该收笔了，在我第一次询问你是否结束的时候，就应该结束。何必画蛇添足、狗尾续貂呢？该停则止，看来，你还没把握情节脉络，尤其是缺少决断。决断是当作家的根本，否则，绵延逶迤，拖泥带水，如何能打动读者？"

学生追悔莫及，自认性格过于受外界左右，作品难以把握，恐不是当作家的料。

很久以后，这名年轻人遇到另一位作家，羞愧地谈及往事，谁知作家惊呼："你的反应如此迅捷、思维如此敏锐、编造故事的能力如此强盛，这些正是成为作家的天赋呀！假如正确运用，作品一定能脱颖而出。"

两位作家，究竟谁说的是对的呢？其实，凡事没有一定之论，谁的"意见"都可以参考，但永远不要丢失自己的"主见"，不要让他人的话成为自己前进的障碍。

勇敢地为自己而活

人，到底是为了什么而活？为了父母，为了金钱，还是为了爱情？

事实上，人应该是为自己而活。人的一生时间有限，所以不应该一味为别人而活，不应该被教条所限，不应该活在别人的观念里，不应该让别人的意见左右自己内心的声音。

杜若溪曾经是个活泼开朗的女孩，喜爱唱歌跳舞，大学学的是幼师专业，但是她毕业后，父母却托人把她安排到了一个机关工作。

这份工作在外人看来是不错的，收入高，福利也很好。但杜若溪觉得机关的工作枯燥乏味，整天闷在办公室里，简直快把人憋疯了，她每天都迫不及待地要回家。可是回到家心情也不好，看见什么都烦，本来想着自己的男友会安慰安慰自己，可是偏偏男友又是个不善言辞的人，向他诉苦，他最多说："父母给你找这么一份好工作不容易，还是先干着吧。"

杜若溪很郁闷，工作没多久，她的性格就变了，整日郁郁寡欢。就这样一年又一年，杜若溪越来越觉得自己的人生毫无意义，她不止一次地问自己：我活着究竟为了什么？没有理想、没有目标，她都不知道自己多久没有真心地笑过了。

人，应该勇敢地去追随自己的心灵和直觉，只有自己的心灵和直觉才知道自己的真实想法，而其他一切都是次要。如果一切都听从别人的安排，你就走不出自己生命的颜色。

如果遵照家里的安排，波伏娃很可能就是一个中产阶级主妇，像她妈妈一样遭遇中年危机，可能老公会出轨，然后把所有怨恨都倾泻给孩子，而不再有机会成为巴黎高师的第二名——第一名是她后来的伴侣萨特。

如果按照长辈的轨迹生活，乔治桑应该在偌大的庄园里默默成长，嫁给和他爸爸差不多的另一个男爵，过着平顺的日子，而法国将不再有第一个穿长靴马裤出没文学沙龙自己养活自己的异彩女作家。

如果听从父母的意见，相亲嫁人，费雯丽或许只是著名律师霍夫曼的漂亮老婆，不会在亚特兰大熊熊的烈火中闪耀郝思嘉的绿色猫眼，登上奥斯卡领奖台。

很多人正是因为接受了自己的意见，才走上了与众不同的道路，虽然未必是坦途，却用自己的方式独立思考未来，充满惊喜和进步，活出了另一片天地。

诚然，人与人之间的影响毕竟存在。但是，不要因此就屈服，活在别人的意愿里，因为这并不表示你自己的"疆界"就已经宣告结束，你也用不着把你的疆界缩小。在你心中，也许有些力量正在你内心深处冬眠，等着你在适当的机会发掘及培养。

有自己的思想，才能成就别样的人生

人类能够成为万物主宰，不是因为人类的高大和善勇好斗，重要的是因为有自己的思想，这是人类区别于其他动物最根本的特征。

思想是支配一切行动的指南，是令人惊奇而又无可比拟的利器。人因为具有丰富的思想，而变得睿智和高贵，又因为人具有丰富的思想，而在改造世界、创造世界的实践活动中，不断推动人类社会的文明进步与发展。

有一次，某大学举办了一场"生存基金"增值比赛，每组6人，每组领50元，看哪个组能在一天时间内，让它迅速增值。

比赛中，许多同学选择了临时工，但只有少数人成功了，一些建筑工地、网吧、送水站等，根本不需要他们，因为大部分大学生很难承担大量的体力劳动。虽然有的同学央求只需要一餐饭作为回报就可以了，但仍然被拒之门外。大部分同学"颗粒无收"，早上领走的50元，除了乘车、买饮料、用餐之外，所剩无几。

　　但有一组同学却带回了669元。他们事先在最繁华的广场附近做了一个商业调查，决定制订一个直销方案，以这次活动为品牌，说服广场附近商家在他们的帽子、衣服、队旗等上面进行冠名。结果，一位饭店老板被同学们说动了，愿意购买冠名权，经过谈判，饭店老板最终以900元取得了冠名权。于是，同学们在花费了200多元的成本制作饭店广告标识之后，盈利669元。这个结果令组织者也意料不到。

　　组织者事先认为，最明智的办法是批发一些饮料进行售卖，稳扎稳打地让50元基金增值。但出售冠名权这个突破常规的创意，让人耳目一新，也取得了不错的成绩。

　　这只是一场游戏比赛，但是，如果这是一场长长的人生比赛呢？同样也会因为你的思想差异而形成结果差异。人与人最重要的不同就在于想法和思想的不同，思路决定出路，格局决定成败，什么样的思想决定什么样的人生。就像同一生长环境里的双胞胎一样，有可能长大成人之后性情各异，成就也迥然不同，原因就在于他们对发生在周围的事有了不同的想法，逐渐地，这些想法形成不同的性格、思想、做人做事的态度，最终决定他的一生。

　　任何一个人的内心想法，都是一个构造独特的世界，蕴藏着极大的能量。它的爆发，既可以将你推入万丈深渊，也可以助你走向成功的彼岸。我们要想获取成就，就必须先有自己的思想。没有思想，意识处于混沌时期，连认识自己和看清别人都无法做到，更难对身边的状况作出良好回应。作为芸芸众生中的一员，踏入社会，以后要怎样生存？又要怎样发展？遇到困难如何解决？……种种问题都需要我们独立思考，有自己的独特想法，确立自己为人处世的准则，从而扬长避短、趋吉避凶，也只有这样，我们才能在激烈的竞争中立于不败之地。

别人的路，可能并不适合你

别人的路是别人的，老天爷对每个人的一辈子都有着精心的规划。他走死胡同那叫突破自我，彰显穿墙术的魅力，换了你说不定就成了撞了南墙不回头。所以人这辈子，不要随便模仿别人，即便真是同一类人，也将面对各种不同的选择。

人们常说，成功很难被复制。前面的人或许在这条路上创造了辉煌，但是，盲从别人的路，并不见得就是成功的捷径，很可能我们走上去就是不通的。

郑先生是做翻砂厂起家的，前几年一直经营得很顺利，效益还算不错，成了远近闻名的百万富翁。手里有了钱之后，他就琢磨着投资点什么。妻子劝他还是干自己的老本行，开发几种新产品出来。但是，他觉得这样赚钱太慢，一心想找一条捷径。

正好有一天，他跟朋友聊天的时候，对方跟他说起自己前两年购买基金赚了不少钱，他不由得心中一动。朋友跟他说，基金风险比较低，不像股市那样大起大落，自己通过学习一些理论知识，加上从电视上跟专家学习，基本摸到了一些窍门。

郑先生听后再也按捺不住，于是，"魄力十足"的郑先生果断地把辛辛苦苦赚到的100万元投了进去。朋友听说后非常惊讶，劝他慎重一点。他却说："你都赚了两年钱了，都没有什么风险，我怕什么啊！难道只许你赚，不许我赚啊！"

朋友听了这话，也不好再说什么。不料，转年股市崩盘，基金也随之大跌，郑先生的基金缩水了2/3！

无独有偶，投资股市的杨志明也因为眼红别人赚钱而血本无归。那是在2007年，当时股市一路飙升，就连搞清洁的大妈大婶都整天眉飞色舞地谈论今天又涨了多少多少点，形成了一股全民炒股的热潮。对股票一窍不通的杨志明看到别人在大把赚钱，也不禁心动了。

于是，他将自己的全部存款投入股市。

就在他整天满怀期待地做着发财的美梦时，金融危机爆发，股市一片哀鸿。当时，理智的投资者要么提前出逃，要么割肉平仓，甚至壮士断腕，都撤了出来。而根本不懂股市的杨志明开始还抱着幻想，等到想撤的时候，已经晚了，手里的股票在白菜价上被套牢了。直到此时，他才知道自己的盲目跟风是多么的不理智。

人常说，第一个夸女人是花儿的人是聪明人，但是第二个就不是了。路上有一块金子，第一个捡到了，后面的人再去恐怕就只能两手空空。因此，不要看到别人在这条路上成功了，自己就不假思索地盲目追随，义无反顾地走上去。那条路对你来说，可能就是一条死胡同。

生活中，条条大路通罗马，每个成功人士都有自己不同的经历，绝不能盲从照搬。别说别人的路不一定适合自己走，就连自己以前的成功经验，也不一定放之四海而皆准。以前奏效的办法，在新环境、新情况下，就不一定有用。盲目照搬，仍然不免失败的结局。

请留意那个人迹罕至的角落

美国康奈大学的威克教授做了一个有趣的实验：把6只蜜蜂和6只苍蝇装进同一个玻璃瓶中，然后将瓶子平放，让瓶底朝着明亮的窗户。接下来会发生什么情况呢？蜜蜂和苍蝇能够逃出瓶子吗？

你会看到，由于蜜蜂习惯向着光亮的方向飞行，因此，它们不停地想在瓶底上找到出口，一直到它们力竭倒毙或饿死；而苍蝇则会在很短的时间里，穿过另一端的瓶口逃逸一空。事实上，正是由于蜜蜂对光明的情有独钟才导致它们的灭亡。而那些苍蝇则不管亮光还是黑暗，只顾四下乱飞，反而误打误撞找到了出口，获得了新生。

其实，人们的认知也常常跟蜜蜂犯一样的错误，总是认为出口的地方一定是光明的。然而就像蜜蜂面对玻璃这种超自然的神秘之物一样，这种出口在明处的定律有时候反而是错误的。在我们追寻成功的路上，我们也不免要在黑暗中摸索，这时候，我们不要一味去光明处寻找出口，也要留意一下角落。

前 Google 中国区总裁李开复在攻读博士学位时，他的导师是语音识别系统领域里的专家罗杰·瑞迪。当时，人们普遍认为"人工智能"才是未来的方向，而导师正是这方面的专家，李开复跟他学习，有着很光明的前途。

但是，李开复却觉得用人工智能的办法研究语音识别没有前途。因为人工智能的办法就像让一个婴儿学习，但在计算机领域来说，"婴儿能够长大成人，机器却不能成长"。

于是，李开复没有跟着导师走，而是告诉导师，他对"人工智能"失去了信心，要使用统计的方法。导师是个很好的人，他说："我不同意你的看法，但我支持你的方法。"

于是，李开复开始了自己的摸索。他那时候每天工作 17 个小时，一直持续了 3 年半。通过努力，李开复把语音系统的识别率从原来的 40% 一下子提高到了 80%。罗杰·瑞迪惊喜万分，他把这个结果带到国际会议上，一下子引起了全世界语音研究界的轰动。

后来，李开复又将语音识别系统的识别率从 80% 提高到了 96%！直至李开复毕业以后多年，这个系统一直蝉联全美语音识别系统评比冠军。在人们都认为"人工智能"才是光明的出口的时候，李开复却留意着那个人迹罕至的角落，用统计学的方法找到了更美好的未来。

很多事情就是这样，在成功之前，谁也不知道哪一条路走得通，哪一条路走不通，谁也不知道哪个方向是通向出口的捷径。所以说，光明的地方，未必就一定通向成功，角落里的路，也未必不是捷径。

Chapter 3　随波逐流者，最容易走错路

有时候独木桥也会胜过阳关道

宽敞的阳关道，也许也是最稳当的，但也许也是最不靠近成功的。

现代人有个通病，就是希望每个人都照同一个模式发展。衡量一个人的生命是否成功，采用的也是一元化的标准：在学校，看考试成绩；进入社会，看名利。真正的成功，应是多元化的。每个人的成功，都是独一无二的。只要你找到了自己的位置，生命就有意义。

某大型公司引进了一条国外肥皂生产线，这条生产线很先进，它能将肥皂从原材料加入直到成品包装全部自动完成。不过他们很快发现这条生产线有个缺陷：常常会有盒子里没装入香皂，那些空盒子会混到成品里面。这家公司停用了生产线，并与生产线制造商取得联系，询问怎样才能挑选出这些空盒子。制造商告诉他们，这种情况在设计上是无法避免的。

他们只得成立了一个团队解决问题，以几名博士为核心、十几名研究生为骨干的攻关小组综合采用了机械、微电子、自动化控制、X射线探测等技术，最后花了几十万元在生产线上安装了一套X光机和高分辨率监视器。每当空香皂盒通过，探测器就会检测到，一条自动机械臂会将空盒从生产线上挑出来拿走。

南方某个乡镇企业也买了同样的生产线,老板同样发现了这个问题。他找来了个小工,告诉他说:"你把这个搞定,不然扣你半个月工资。"小工很快想出了办法,他在生产线旁边放了台大功率风扇猛吹,空盒子分量轻,在通过风扇时自然会被吹走。相比那家大企业的正统做法,小工用的就算是民间的"土方子"了,然而他同样解决了问题。从这个角度来说,这个小工的做法并不比那些科研人员的方法差,既经济又实惠。小工走独木桥还比科研人员走阳关道快得多呢!

阿里巴巴的创始人马云在一次文化讲坛上谈他的创业体会时说:"我要做别人不愿意做的事、别人不看好的事。当今世界上,要做我做得到别人做不到的事,或者我做得比别人好的事情,我觉得太难了。因为技术已经很透明了,你做得到,别人也不难做到。但是现在选择别人不愿意做、别人看不起的事,我觉得还是有戏的,这是我这么多年来的一个经验。"

也就是说,如果我们只做大众化的工作,我们就很难在激烈的职场中脱颖而出。而那些成功者与其他人的区别就在于,别人不愿意去做的事,他去做了,少有人走的路,他去走了,没前途的市场,他去开发了……

什么是成功之道?成功学家说,一个人想要成功,就要选择他人不曾走的路,做他人不曾想的事。阳关道上若是人太多,还是不去挤的好,有时候独木桥更胜阳关道。

最可靠的意见来自你的内心

在网络上看到这样一篇文章：

高考那年，我考上了北大一个自己不喜欢的专业。读了一个月，了解到学校没有什么转系的机会之后，我决定退学。退学手续复杂，需要到学校各科室盖章。然后在每一个科室我听到了同样的声音："这里是北大！你傻了吗？"只有最后一个科室的老师对我说："别读了，回去吧。"

第二年，我考上复旦大学，转到自己喜欢的工商管理系。我想，离开北大是我此生最正确的决定。我想说的是：当你作出一个不寻常的决定时，这个世界只会给你各种反对的声音，你需要做的就是直面自己，无视他们。

是的，你需要做的是你自己，你可以参考别人的意见，但不要把它作为命令。

美国成功学大师马尔登讲过这样一个故事：在富兰克林·罗斯福当政期间，我为他太太的一位朋友动过一次手术。罗斯福夫人邀请我到华盛顿的白宫去。我在那里过了一夜，据说隔壁就是林肯总统曾经睡过的地方。我感到非常荣幸。岂止荣幸？简直是受宠若惊。那天夜里我一直没睡。我用白宫的文具纸张写信给我的母亲、给我的朋友,甚至还给我的一些冤家。

"麦克斯,"我在心里对自己说,"你来到这里了。"

早晨,我下楼用早餐,罗斯福总统夫人是那里的女主人,她是一位可爱的美人,她的眼中露着特别迷人的神色。我吃着盘中的炒蛋,接着又来了满满一托盘的鲑鱼。我几乎什么都吃,但对鲑鱼一向讨厌。我畏惧地对着那些鲑鱼发呆。

罗斯福夫人向我微微笑了一下。"富兰克林喜欢吃鲑鱼。"她说,指的是总统先生。

我考虑了一下。"我何人耶?"我心里想,"竟敢拒吃鲑鱼?总统既然觉得很好吃,我就不能觉得很好吃吗?"

于是,我切了鲑鱼,将它们与炒蛋一道吃了下去。结果,那天午后我一直感到不舒服,直到晚上,仍然感到要呕吐。

我说这个故事有什么意义?

很简单。

我没有接受自己的意见。

我并不想吃鲑鱼,也不必去吃。为了表示敬意,我勉强效颦了总统。我背叛了自己,站在了不属于自己的位置上。那是一次小小的背叛,它的恶果很小,没有多久就消失了。

这件事指出走向成功之道最常碰到的陷阱之一。记住这句话,你的最可靠的指针,是接受你自己的意见。

Chapter 3 随波逐流者，最容易走错路

效仿别人，不如做最好的自己

一个模仿别人的人，永远无法逃脱别人的阴影，他所有的努力不过是为被模仿者做免费的宣传罢了。

春秋时期，越国有一美女，名唤西施，不仅有沉鱼落雁之容，就是平时所做的一个不经意的动作，都是非常优美的。因此，常有一些姑娘模仿她的衣着、装束；也常有一些人有意无意地模仿她的行为举止。有一天西施患病，心口非常痛。她出去洗衣服时，皱着眉头，用一只手捂着胸口，走在路上虽然非常难受，但旁人看来今天的西施却又别有一番风姿。西施有一邻居容貌长得很丑，见西施人长得美，别人时常效仿西施的衣着、举止。她就常常暗地里观察，看看西施到底与别人有什么不同之处。这一天，她看到西施用手捂着胸口，皱着眉头的样子后，觉得非常美。于是，她就跟着学起这个样子来了。本来容貌就丑，又皱起了眉头，本来形体就含胸弓背，却又捂住了胸，弄得更加丑陋不堪。

卓别林开始拍片时，导演要他模仿当时的著名影星，结果一事无成，直到他开始成为他自己，才渐渐成功；

当玛丽第一次上电台时，试着模仿一位爱尔兰明星，但不成功。直到她以本来面目——一位由密苏里州来的乡村姑娘——才成为纽约市最红的明星；

吉瑞一直想改掉自己的得州口音，他打扮得也像个城里人，他还对外宣称自己是纽约人，结果只遭到了别人背后的讪笑。后来，他开始重拾三弦琴，演唱乡村歌曲，成为广受欢迎的牛仔歌手。

　　模仿他人无异于自杀。因为不论好坏，人只有自己才能帮助自己，只有耕种自己的田地，才能收获自家粮食。上天赋予你的能力是独一无二的，只有当你自己努力尝试和运用时，才知道这份能力到底是什么。

　　当然，如果情况特殊，你也可以模仿别人，但不可以一味地进行模仿。不要活在别人的影子里，你就是你，不是别人的翻版。大踏步地向前走，留下属于自己的脚印，才能够活出真正的自己。不论好坏，你都必须保持本色。

走自己认为对的路，坚持到底

　　当你准备走一条陌生的路，你要走你认为对的那条路，因为那些路究竟通向哪里你并不清楚，只有走下去才知道正不正确。

　　有三个一起在大山里长大的男人要去城里打拼。他们结伴而行，一路上风餐露宿，幕天席地，遭遇暴雨狂风，翻过座座高山，涉过条条大河，终于来到了一座繁华热闹的集镇。这里有三条大路，其中只有一条能够通往城市，但谁也说不清究竟哪条才是。

A 说："我爹这辈子一直告诉我，'听天由命'，我就闭上眼睛选一条，碰碰运气好了。"他随便选了一条，走了。

B 说："谁叫咱们生在那个穷地方呢，我没读过书，盘算不出走哪条路最有可能，我就走 A 旁边的那条大路吧。"说完，他也走了。

剩下的是一条小路，C 也拿不定主意。他想了又想，决定还是先去镇子里问问长者。长者听了他的话，摇了摇头："没人到过城市，因为它太远了。而且我们这里的生活过得也不错。不过，孩子，我可以把我祖父的话告诉你——走自己认为是对的路。"

C 记着长者的话，踏上了那条小路，去追寻他的城市之梦。他经历的痛苦、艰难无与伦比，但是，每一次挫折、每一回失败他都挺了过来。每每觉得自己快要受不了了的时候，便对自己说"走错的也是自己的路"，于是他挺过来了。

两年后，他终于见到了朝思暮想的城市，他能吃苦，有毅力，从最底层的工作做起——擦皮鞋、捡垃圾、端盘子，后来他成为一家公司的普通职员、蓝领、白领，直到自己独立注册了一家公司。

30 年后，C 老了，他把公司交给儿子打理，只身回乡探亲。依然是那个贫穷的小山村，依然是茅屋泥墙。A 和 B 早已回到这里，依然过着日出而作，日落而息的日子，三兄弟各自叙述离别后的故事。A 沿着大路走了 5 个月，路越来越窄，野兽出没，某日黄昏，他还差一点被豺狼分尸，他害怕了，灰溜溜地回去了。B 所遭遇的情景和 A 差不多，回来之后，他觉得自己这辈子都再抬不起头来了。C 叹息地说："我走的路和你们的一模一样，唯一不同的是，我选定了就绝不回头。"

其实，每条路都能通向城市，走自己认为是对的路，坚持走下去不要回头，只要你认为它是对的。

Chapter 4
在希望泯灭之前,一切皆有可能

就算再怎么不如意,也要对自己说:我还有希望!就算遭遇再大的挫折,也要对自己说:我还有希望!因为希望之灯一旦熄灭,生活刹那间就会变成一片黑暗。

很多事情并不像想象中那么糟

这世界根本就没有过不去的坎儿，一时的失意绝不意味着一生失意，这个世界上，很多人比你还要不幸。

有个穷困潦倒的销售员，每天都在抱怨自己"怀才不遇"，抱怨命运捉弄自己。

圣诞节前夕，家家户户热闹非凡，到处充满了节日的气氛。唯独他冷冷清清，独自一人坐在公园的长椅上回顾往事。去年的今天，他也是一个人，是靠酒精度过了圣诞节，没有新衣、没有新鞋，更别提新车、新房子了，他觉得自己就是这世界上最孤独、最倒霉的那一个人，他甚至为此产生过轻生的念头！

"唉，看来，今年我又要穿着这双旧鞋子过圣诞节了！"说着，他准备脱掉旧鞋子。这时，"倒霉"的销售员突然看到一个年轻人滑着轮椅从自己面前经过。他顿时醒悟："我有鞋子穿是多么幸福！他连穿鞋子的机会都没有啊！"从此以后，推销员无论做什么都不再抱怨，他珍惜机会，奋发图强，力争上游。数年以后，推销员终于改变了自己的生活，成了一名百万富翁。

很多人天生就有残缺，但他们从未对生活丧失信心，从不怨天尤人，他们自强自立、不屈不挠，最终战胜了命运。可有些人，生来五官端正，手脚齐全，但仍在抱怨生活、抱怨人生，相比之下，难道我们不感到羞愧吗？丢开抱怨，用行动去争取幸福，你要明白：纵然是一双旧鞋子，但穿在脚上仍是温暖、舒适的，因为这世界上还有人连穿鞋的机会都没有！

当然，在麻烦、苦难出现时，人总会感觉内心不安或是意志动摇，这是很正常的。面临这种情况时，就必须不断地自励自勉，鼓起勇气，信心百倍地去面对，这才是最正确的选择。

有一名叫鲁奥吉的青年，他在20岁那年骑摩托车出事，腰部以下全部瘫痪。鲁奥吉在事后回忆说："瘫痪使我重生，过去我所有做的事都必须从头学习，就像穿衣、吃饭，这些都是锻炼，需要专注、意志力和耐心。"

鲁奥吉却以积极面对人生的态度声称，以前自己不过是个浑浑噩噩的加油站工人，整天无所事事，对人生没什么目标。车祸以后，他经历的乐趣反而更多，他去念了大学，并拿到语言学学位，他还替人做税务顾问，同时也是射箭与钓鱼的高手。他强调，如今，"学习"与"工作"是他所选择的最快乐的两件事。

生命中收获最多的阶段，往往就是最难挨、最痛苦的时候，因为它迫使你重新检视、反省，为你打开内心世界，带来更清晰、更明确的方向。

要想生命尽在掌控之中是件非常困难的事情，但日积月累之后，经验能帮助你汇集出一股力量，让你越来越能在人生赌局中进出自如。很多灾难在时过境迁之后回头看它，会发现它并没有当初看来那么糟糕，这就是生命的成熟。

被冷水冲刷过的梦想会更加明朗

一位教师在课堂上做了一个实验。他先用一些小铁圈将一个南瓜箍住，然后问学生："南瓜长大以后，会出现什么结果呢？"同学们纷纷回答："南瓜将会破裂。"教师继续问："你们认为它能够承受住多大的压力？"学生们经过一番议论，最后一致认为，最大限度不会超过200千克。

然而，实验第一个月，南瓜已经承受住了200千克的压力；到第二个月，这个南瓜已承受了600千克的压力；并且当它承受住800千克压力时，教师和学生不得不对铁圈加固，以避免南瓜将铁圈撑开。

结果超乎他们的想象——直到南瓜承受了超过2000千克的压力时，它才发生了破裂。这个时候他们发现，南瓜内部生长了层层牢固的纤维，试图突破围困它的铁圈。南瓜在巨大的"苦难"前选择不断成长，来获得更强大的力量。

苦难来临之时，也正是我们发挥生命潜力的时刻，就像那个南瓜，承受了极大的苦难和压力，生命反而变得更加坚韧。

只要还在这个世界上活着，每一天甚至每一秒，我们都会遭遇不一样的事情，都会见到很多人，无理的、欣喜的、无聊的、有意义的，它们交叉在一起才叫生命。我们都体验过幸福与快乐，也不可避免地要遭遇坎坷，欢乐的时光于我们而言总是那样短暂，而痛苦却让我们感到度日如年，我们很快就会忘记彼时的快乐，却与此时的痛苦纠缠不断，不是痛苦不可战胜，而是四肢发冷——我们木然地在那些伤痛中，心颤了，胆寒了。

或许你也曾抗衡过，只是越发地感觉气力不济，于是，最终想到了放弃。显然不曾有人告诉过你，这个世界上只有一条路不能选择，那就是放弃的路；只有一条路不能放弃，那就是成长的路。

有一个黑人男孩，他出生在一个贫寒的家庭。父亲过早地撒手人寰，只留下嗷嗷待哺的他与母亲相依为命。可怜的母亲是个只会打零工的女人，她爱自己的孩子，也想给他像其他孩子一样的生活，但她确实没有那个能力，她每个月只能拿到不足30美元的工钱。

有一次，黑人男孩的班主任让班上的同学们捐钱，男孩觉得自己与其他人没什么差别，他也想有所表现，于是拿着自己捡垃圾换来的3元钱，激动地等待老师叫他的名字。可是，直到最后，老师也没有点他的名字。他大为不解，便向老师问个究竟，没想到，老师却厉声说道："我们这次募捐正是为了帮助像你这样的穷人，这位同学，如果你爸爸出得起5元钱的课外活动费，你就不用领救济金了……"男孩的眼泪瞬间流了下来，他第一次感到屈辱与委屈，打那天以后，男孩再也没有踏进这所学校半步。

30年弹指一挥间，这位名叫狄克·格里戈的黑人男孩如今已经成了美国著名的节目主持人。每每提及此事，他总是会说："经由这盆冷水的冲刷，我的梦想将会更明朗，信念将会更加笃定。"

那么小的孩子,那么大的刺激,这事若发生在我们身上,或许阴影便会笼罩一生,或许我们便真的认命了,继续领着救济金,继续过着低人一等的生活。显然,狄克·格里戈的意志力要比我们很多人都强,他应该很清楚,生命是自己的,前程是自己的,幸福也是自己的,并不是随便某个人的几句话、随便的一点什么挫折就可以毁掉,所以他要珍爱自己的生命!他要证明给那些轻贱自己的人看。

而现在的我们所缺少的,也许正是狄克·格里戈那种化刺激为潜力的决心,挫折改变了两种人的命运——它能够将懦夫拉入万丈深渊,同样也能够给予勇者灿烂的生命。成与败的关键就在于,你是不是能够把它看成是生命的一种常态。

对你来说,希望才是最大的资产

生活给了你坎坷与屈辱,但这并不意味着你已经出局。

在生命的旅程中,每每有风雨来袭时,不妨告诉自己:那不叫"挫败",那只是成功路上的一个小小障碍!

一个穷孩子,父亲是鞋匠。父亲去世之后,母亲为了生活不得不带着他改嫁。有一天,他有机会去晋见王子,他满怀希望,在王子面前唱诗歌、朗诵剧本。表演完毕后,王子问他想要什么赏赐。这个穷孩子大胆地提出要求:"我想写剧本,而且在皇家剧院演戏。"王子把这个长着小丑般大鼻子的笨拙男孩从头到脚看了一遍，然后对他说："能够背诵剧本，并不表示能够写剧本，那是两码事，我劝你还是去学一门有用的手艺吧。"

但是，他回家以后，打破了自己的储钱罐，向母亲和从不关心自己的继父道别，离家去追寻自己的理想。这时候，他才 14 岁，但他相信，只要自己愿意努力，安徒生这个名字一定会流传千古。

他到了哥本哈根，挨家挨户地按门铃，几乎按遍了所有达官贵人的门铃，却没有人赏识他，他衣衫褴褛地落魄街头，却仍不减他心中的热情。

终于，在 1835 年，他发表的童话故事吸引了儿童的目光，开启了属于安徒生的新页，他的童话故事被译成多种文字。这时，距离他离开家已经 16 年了。

其实，在生命陷入谷底的一刹那，再激励人的格言都是无效的，最有用的方法就是检视自己的内心，看看那里面装着什么——是"失败"、"痛苦"、"沮丧"、"伤心"、"失望"，还是，"很好！在努力下我又有了进步！""很不错，我还有努力的空间和机会！""太棒了！人生多了一种不同的滋味！"也许别人不能理解你的想法，但只要你的注意力是正向的，你得到的结果就是正向的！

当然，你有选择的权利，但结果肯定大不相同。幸福眷顾那些刚强之人，无论现实是何等的残酷，只要精神屹立不倒，人生就还有欢乐存在。事实上，只要我们能够在逆境中坚守梦想，就总会有雨过天晴的时候。

想必你已经发现，当你面对阳光的时候，所有的黑暗都将在你脑后！所以不要问："我为什么失败？"而要问："我如何才能得到？"

其实，梦想并不遥远，只是我们想得太过夸张，其实只要你肯坚持，它多半不会令你失望。人生路上磕磕绊绊、走走停停，我们难免会有迷茫之时，但只要你心存希望，幸福就会降临；只要你心存梦想，机遇就会笼罩；只要你持有信念，就不会迷失方向。为梦想而坚持，你定将收获幸福的果实。

心中有种子，将来必然会有收获

在人生的征途上，我们需要保留的东西有很多，这其中有一样千万不能遗忘，那就是希望。希望是宝贵的，它犹如孕育生命的种子，可以随处发芽。只要抱有希望，生命便不会枯竭。

曾看到这样一则故事，至今仍回味无穷：

有个突然失去双亲的孤儿，生活过得非常贫穷，唯一能让他熬过冬天的粮食，就只剩下父母生前留下的一小袋豆子了。

但是，此刻的他，却决定要忍受饥饿。他将豆子收藏起来，饿着肚子开始四处捡拾垃圾，这个寒冬他就靠着微薄的收入度过了。也许有人要问，他为什么要这么委屈或折磨自己，何不先用这些豆子充饥，熬过了冬天再说？

或许，聪明的人已经猜到了，原来整个冬天，在孩子的心中充满着播种豆苗的希望与梦想。

因此，即使这个冬天他过得再辛苦，他也不曾去触碰那袋豆子，只因那是他的"希望种子"。

当春光温柔地照着大地，孤儿立即将那一小袋豆子播种下去，经过夏天的辛勤劳动，到了秋天，他果然收获了更多豆子。

然而，面对这次的丰收，他却一点也不满足，因为他还想要得到更多的收获，于是他把今年收获的豆子再次存留下来，以便来年继续播种、收获。

就这样，日复一日，年复一年，种了又收，收了又种。

终于，孤儿的房前屋后全都种满了豆子，他也告别了贫穷，成为当地最富有的农人。

凡是看得见未来的人，也一定能掌握现在，因为明天的方向他已经规划好了，知道自己的人生将走向何方。

只是我们太多的人在厄运面前丧失了希望，其实厄运往往是命运的转折，你战胜它就能成就新的命运，而一味埋怨、自暴自弃，厄运就不会成为幸运。所以，当你感到彷徨无助，甚至想要自我放弃时，不要绝望，甚至对你并不感到绝望这一点也不要绝望。因为恰恰在似乎一切都完了的时候，新的力量正在酝酿，新的转机正在出现。

或许你一路走来真的很艰辛，其中的酸甜苦辣只有你自己知道，但只要你能做到对心中的希望"不抛弃，不放弃"，就会有希望。假如命运对你真的很不公平，它折断了你航行的风帆，那也不要绝望，因为岸还在；假如它凋零了美丽的花瓣，同样不要绝望，因为春还在；假如你的麻烦总是接踵而至，还是不要绝望，因为路还在、梦还在、阳光还在、我们还在。生活需要我们持有这种乐观的心态，只有这样，我们才能发现它的美好，生活是具有两面性的，纵然是令人痛不欲生的苦难，也蕴含着细微的美妙，虽然它很细微，但只要你有一双发现美的眼睛，就能在厄运中抓住人生前行的希望。如果你能留住心中的"希望种子"，你的前途必然无可限量，因为心存希望，任何艰难都不会成为我们的阻碍。只要怀抱希望，生命就会激情绽放。

只要不绝望，就有走出绝境的可能

希望是依附于存在的，有存在便有希望，有希望便是光明。

当我们面对濒临绝望的境地时，心中必须保留一份对希望的坚守，并不断地去努力寻找希望，只有如此，才会在失望中涅槃而生。

有两位英国考古学家，为了寻找所罗门王朝的遗址，历尽千辛万苦，穿越了热带丛林、沼泽、沙漠，最后终于到达了遗址的所在地。在发掘中，意外地发现了所罗门王的墓地。这个墓地建在一个山洞中。当他们走进山洞的时候，洞口的巨石突然坍塌下来，堵住了洞口。他们使出了浑身的力气，想推开它，但巨石始终纹丝不动。无奈之下，他们只好举着火把向山洞里走去，去寻找其他的出口。然而，直到山洞的尽头，依然没有出口。顿时，一种恐惧感涌上他们的心头，他们都想到了死亡！面对着洞壁那黑森森的岩石，他们感到窒息。然而，即使在走投无路的生死关头，他们也没有绝望，更没有坐以待毙，一种求生的意念，仍然支撑着他们继续寻找下去。

当他们喝完最后一滴水，疲惫地坐在地上，望着眼前石壁上的雕刻，想着这次发现的重大意义时，一定要找到出口的念头就如同插在岩壁上的火把那样，照亮了他们孤寂的心。他们想到墓穴如果是封闭的，山洞里就会缺氧，火把就会熄灭。现在火把仍在燃烧，这就说明洞中还有氧，山洞与外界并没有完全隔绝。于是，他们继续寻找。终于在一个地方，发现火把突然更亮了，并且随风抖动起来，隔着岩壁还能听到潺潺的流水声，随即便看到了用碎石阻隔着的另一个洞口……

他们终于走出了绝境，将所罗门王朝遗址的秘密公之于世。

无论遇到怎样的磨难，无论面临怎样的困境，我们都要坦然面对，只要心里尚有突破的希望，每一个明天都能给人带来惊喜。

只要还相信有希望，就会有奋斗，就会有机会。最悲惨的就是万念俱灰。一些人在连续遭遇挫折后，失去了自信心，以致最终绝望。其实，人在低谷的时候，只要你抬脚走，就会走向高处，这就是否极泰来；如果你躺下不动了，这就是坟墓。

诚然，你有权利选择战斗或放弃，但结果肯定大不相同。幸福眷顾那些刚强之人，无论现实是何等的残酷，只要精神屹立不倒，人生就还有欢乐存在。人活于世，始终要保留着希望，丢失了希望，与行尸走肉又有何异？事实上，只要我们能够在逆境中坚守希望，总是会有雨过天晴的时候。

不向命运低头，就是征服了命运

　　一个人有聪明才智，并不一定能发挥出来。要取得相应的成就，还需要一种精神，一种不怕失败，不怕困难，敢于向命运挑战的精神。

　　乔·吉拉德出生于美国大萧条时代，其父辈为西西里移民，家境贫寒。乔·吉拉德从9岁开始为人擦皮鞋，以贴补家用，但暴躁的父亲依然时常对他进行打骂，人们都很歧视他，认为他是个没用的"废物"。

　　这种情况下，他勉强读到高中便辍学了。父亲的打击、邻里的歧视，令他逐渐丧失了自信，他开始口吃起来。35岁以前，他更换过40份工作，甚至当过扒手、开过赌场，但终究一事无成，而且背负了巨额的债务。

　　难道真的如父亲所说，自己就是一个废物？乔·吉拉德似乎有些绝望。幸运的是，他有一位非常伟大的母亲，她时常鼓励乔·吉拉德："乔，你必须证明给你爸爸看，证明给所有人看，让他们知道你不是个废物，你能做得非常了不起！乔，人都是一样的，机会摆在每个人面前，就看你懂不懂得争取。乔，你决不能气馁，你一定行！"

　　母亲的话给了乔·吉拉德很大鼓舞，使他重新恢复了自信，重新燃起了对成功的渴望，他在心中暗暗发誓：我一定要证明父亲错了！我一定行！为了克服口吃的毛病，他选择了从事销售行业，而且是极具挑战性的汽车销售。工作中，他一直坚持以诚信为本，谨守公平原则；工作方法上，他从不拘泥于"经验"，总是不断推陈出新，超越自我。

他的真诚、他的热情、他的别出心裁，赢得了客户的广泛青睐，他成功了！他从一个饱受歧视、一身债务、几乎走投无路的"废物"，一跃成为"世界上最伟大的销售员"！他被欧美商界誉为"能向任何人推销任何商品"的传奇人物，他所创下的记录——连续12年，平均每天销售6辆汽车，迄今为止依然无能够望其项背！而这一切，只缘于最初的那一句"我一定行！"

遥观，或者近观：成功之人必然是自信之人，因为自信，他们才勇于创造，因为自信，他们才崭露头角，所以即使当初是怀着尝试的态度迈开第一步，最终也是以自信的姿态迎接成功的到来；幸福之人也一定是自信之人，因为没有自信，便不会有强大的自驱力去争取幸福，自然也不会为家庭去营造幸福，也不会有维持幸福的张力。以此类推，有了自信，你的生命便可能拥有一切，全无自信，你的生命便全无生机。

一个人的一生中，最难得的就是拥有一颗坚韧、自信的心，始终相信自己能够创造"奇迹"。

微笑着面对生活中的苦难

苦难会使有些人堕落，也会使有些人清醒；能令一些人倒下，也能令一些人奋进。同样的一件事，我们可以选择用不同的态度去对待。如果我们选择了积极，并作出积极努力，就一定会看到前方瑰丽的风景。

其实，人生中的苦难并不可怕，怕就怕我们沉浸在戚戚的苦难诉说中停滞不前。甚至是那些看似无法挽回的悲剧，但只要我们意念强大，勇敢面对，就能修正人生航向，创造人生幸福，实现人生价值。

美国女孩辛蒂在医科大学时，有一次，她到山上散步，带回一些蚜虫。她拿起杀虫剂想为蚜虫去除化学污染，却感觉到一阵痉挛，原以为那只是暂时性的症状，谁料她的后半生从此陷入不幸。

杀虫剂内所含的某种化学物质使辛蒂的免疫系统遭到破坏，使她对香水、洗发水以及日常生活中接触到的一切化学物质一律过敏，连空气也可能使她的支气管发炎。这种"多重化学物质过敏症"，到目前为止仍无药可医。

起初几年，她一直流口水，尿液变成绿色，有毒的汗水刺激背部形成了一块块疤痕。她甚至不能睡在经过防火处理的床垫上；

否则就会引发心悸和四肢抽搐。后来，她的丈夫用钢和玻璃为她盖了一所无毒房间，一个足以逃避所有威胁的"世外桃源"。辛蒂所有吃的、喝的都得经过选择与处理，她平时只能喝蒸馏水，食物中不能含有任何化学成分。

很多年过去了，辛蒂没有见到过一棵花草，听不见一句悠扬的歌声，感觉不到阳光、流水和风。她躲在没有任何饰物的小屋里，饱尝孤独之余，甚至不能哭泣，因为她的眼泪跟汗液一样也是有毒的物质。

然而，坚强的辛蒂并没有在痛苦中自暴自弃，她一直在为自己，同时更为所有化学污染物的牺牲者争取权益。后来，她创立了"环境接触研究网"，以便为那些致力于此类病症研究的人士提供一个平台。几年以后辛蒂又与另一组织合作，创建了"化学物质伤害资讯网"，保证人们免受威胁。

目前，这一资讯网已有来自32个国家的5000多名会员，不仅发行了刊物，还得到美国、欧盟及联合国的大力支持。

她说："在这寂静的世界里，我感到很充实。因为我不能流泪，所以我选择了微笑。"

是啊，既然不能流泪，不如选择微笑，当我们选择微笑地面对生活时，我们也就走出了人生的冬季。

岁月匆匆，人生也匆匆，当困难来临之时，学着用微笑去面对、用智慧去解决。永远不要为已发生的和未发生的事情忧虑，已发生的再忧虑也无济于事，未发生的根本无法预测，徒增烦恼而已。你得知道，生活不是高速公路，不会一路畅通。人生注定要负重登山，攀高峰，陷低谷，处逆境，一波三折是人生的必然，我们不可能苦一辈子，但总要苦一阵子，忍着忍着就面对了，挺着挺着就承受了，走着走着就过去了。

其实，上帝是很公平的，它会给予每个人实现梦想的权利，关键看你如何去选择。琐事缠身、压力太大——这些都不应该是我们放弃梦想的理由，在身残志坚的人面前这会让你抬不起头。要知道，幸福感并不取决于物质的多寡，而在于心灵是否贫穷，你的心坚强，世界也会坚强。

只要心不盲，生活就还有方向

刚毅拯救了尘俗边缘的灵魂，摒弃了世俗的舒适和安逸带来的贪恋、犹疑、怯懦，所有的困厄在其面前最终只能销声匿迹。

刚毅体现壮美，这种壮美势必扬弃盲目的追求和取舍，让思想更深刻、心灵更坚韧、品德更高尚。

一个美国女孩的一双眼睛意外受了重伤，她只能从左眼角的小缝隙看到东西。小时候，她喜欢和附近的孩子玩跳房子，但却看不见记号，只能把自己游玩的每一个角落都记清。这样，即使赛跑她也没有输过。正是凭着这股韧劲，后来她获得了明尼苏达大学的文学学士及哥伦比亚大学的文学硕士两个学位。

她曾在明尼苏达州的一个乡村教过书，后来又成为奥加斯达·卡雷基的新闻学和文学教授。这13年间，她除了教书，也在妇女俱乐部演讲，并客串电台谈话节目。她的自传体小说《我想看》曾轰动一时，成为畅销的名著。她就是过了50年如同盲人般日子的波基尔多·连尔教授。

"在我心里不断地潜伏着是否会变成全盲的恐惧，但我以一种乐于面对的高度去面对我的人生。"连尔这样说道。终于，在她52岁时，经过现代医学的诊疗，她获得了40倍于以前的视力，她面前展开了一个更为绚烂的世界。

谁最能忍受苦难，谁的能力最强。乘风破浪，顽强拼搏。苦难或许是上帝送给人最好的礼物，通过艰苦磨炼才会产生不屈不挠的人。

苦难往往是经过化妆的幸福，苦难虽然令人心酸，但是它是有益于身心的。不屈不挠的人是自信的，他的人生字典写满成功；不屈不挠的人是刚强的，他总有一个支撑自己的精神支柱。最高尚的品格是不屈不挠磨炼出来的，一颗坚韧而又刚毅的心灵从炼狱般的锻造中所获取的要比从安逸享受中取得的成功多得多。

同一种命运，对刚毅的人和懦弱的人会有不同的结局。懦弱的人屈从命运，刚毅的人用不屈不挠的精神改造命运，锻造人生。同一种境遇，谁也不比谁占一定的优势，关键是心境是否早早臣服于来自苦难的压力。这时，信念的高度就决定了人生的高度，成功者之所以成功，是因为他们总是以积极的信念支配和控制自己的人生，战胜自己的缺陷，而失败者却恰恰相反。

永远不要怀疑自己，永远不要

我们每个人都是一块闪闪发光的宝石，只不过自己总是不相信自己身上那绚烂的光环。年轻的我们，正处于实现梦想的黄金时段，如果你相信自己，那么未来就是你的；如果你相信自己，也许成功就在明天；如果你相信自己，再多的挑战都会无所畏惧；如果你相信自己，幸福的大门就将永远为你敞开。

有个男孩子，从小在孤儿院里长大。在他18岁生日那天他对院长说："我都长成大人了，还不知道亲生父母是谁，像我这样没人要的孩子，活着真没有意义。"院长说："你以前可没有这样的想法啊，今天到底是怎么了？"他回答道："我马上要走向社会了，忽然感到会有很多陌生的眼睛盯住我，他们会嘲笑我，看不起我，这让我不寒而栗。"院长想了想，说："这样吧，你先把你的想法放一放，明天先去帮我办件事，行吗？"男孩点点头同意了。

第二天院长就交给他一块石头，圆圆的石头，看起来像一块宝石。院长告诉他："你拿着这块石头去集市，找个地方摆上，写上售价10元。一定记住，不论别人出多少钱，你绝对不能'真卖'。"男孩拿着石头就去了菜市场，蹲在一个角落，很快地有人上来围观。有个人说："哎，你这块石头卖吗？""卖。""多少钱？""10 元。"可是人家真的要买的时候，他说："不卖了。"人家说："那我给你 20 元。""20 元也不卖。""30 元行不行？""不行。"因为他答应院长了，谁出多少钱也不卖。

晚上，男孩回到孤儿院。院长说："明天不要去集市了，你换个地方到黄金市场试试，石头标价 50 元。还是那句话，别人出多少钱都不要卖。"结果呢，石头摆了一个上午，没人理睬。到了下午有人要买了，男孩又不卖，最后有人出价到 100 元钱，男孩说："不行，价格还低，我不能卖。"他回去后跟院长说了："这么一块石头，人家已经出价不低了，你到底为啥不让我卖呢？"院长笑了笑，说："明天你带着石头到宝石店门前卖，标价 100 元。"男孩挠挠头，心里想这下子肯定无人问津了。

没想到水涨船高，很快有人出价到 200 元、300 元，到了傍晚竟然有人抬价到 1000 元钱了。男孩这时候想，卖了吧，能卖到这样的高价，院长肯定会高兴的。但就在他刚刚要出手的时候，院长的嘱咐又响在了耳边，他不得不把这块石头又拿了回来。晚上院长对他语重心长地说："为什么不让你卖掉呢？因为你从小没有父母，你的命运就像这块石头一样，心里头感觉冰凉冰凉的。但是，不要管别人是否看得起你，你只要自己看得起自己，永远不要把自己出卖，这样你一辈子才会不停地升值。"

其实，生活就是这样，只要你拥有自信，只要你愿意为心中的理想而执着，那么没有什么事情是办不到的，当然前提是，你要相信自己的实力。

总之，不管是小有成绩还是继续在为理想而打拼，自信都将是前进的动力和资本。从某种角度来说，只有自信才能帮助我们证明自己的实力。所以，面对挑战千万不要退却，当微笑着去面对世间的一切时，就会发现自己在这个世界上的地位和价值。

这个世界上，总有适合你的种子

　　就算是一块再贫瘠的土地，也会有适合它的种子。每个人，在努力而未成功之前，都是在寻找属于自己的种子。当然，你不能期望沙漠中有清新的芙蓉，你也不能奢求水塘里长出仙人掌，但只要找到适合自己的种子，就能结出丰盛的果实。

　　对于还在寻找种子的人们，道路虽然漫长而又艰辛，虽然看上去很迷茫，虽然荆棘密布、挫折重重，但只要坚信自己的能力，并且有毅力，那么必定会在某一时刻、某一地点找到属于自己的种子。

　　多年前，山区里有个学习不错的男孩，但他并没能考上大学，被安排在本村的小学当代课老师。由于讲不清数学题，不到一周他就被学校辞退了。父亲安慰他说，满肚子的东西，有人倒得出来，有人倒不出来，没有必要为这个伤心，也许有更适合你的事等着你去做。

　　后来，男孩外出打工。先后做过快递员、市场管理员、销售代表，但都半途而废。然而，每次男孩沮丧地回家，父亲总是安慰他，从不抱怨。而立之年，男孩凭一点语言天赋，做了聋哑学校的辅导员。后来，他创立了一家自己的残障学校。再后来，他建立了残障人用品连锁店，这时的他，已经是身家千万了。

一天，他问父亲，为什么之前自己连连失败、自己都觉得灰心丧气时，父亲却对自己信心十足。

这位一辈子务农的老人的回答朴素而又简单。他说，一块地，不适合种麦子，可以试试种豆子；如果豆子也长不好的话，可以种瓜果；如果瓜果也不济的话，撒上一些荞麦种子一定能够开花。因为一块地，总会有一种种子适合它，也总会有属于它的一片收成。

每个人来到世界上，都有独特之处，都会存在独特的价值。换言之，每个人都是独一无二的，都有"必有用"之才。只是，也许有时才能藏匿得很深，需要全力去挖掘；有时才能又得不到别人的认可……但我们绝不能因此否认自己，更不能因为生活中的挫折、失败而怀疑自己的能力，因为信心这东西一旦失去，就会给我们的人生造成无法弥补的损失。

所以无论何时，都不要以为别人所拥有的种种幸福是不属于我们的，以为我们是不配有的，以为我们不能与那些命好的人相提并论。有人说：自信是成功的一半。是的，它还不是成功的全部，但是，如果我们还认识不到它的重要性，那终有一天你会连这一半的机会也失去。

很显然，命运是可以被改写的，自卑是可以被战胜的。战胜自卑的过程，其实就是磨炼心志、超越自我的过程。逆境之中，如果我们一味抱怨命运，认为自己是最不幸的那一个，那么自卑的魔咒就永远也无法解除。想要消除自卑，我们首先就要以一种客观、平和的心态看待自己，不要一直盯着自己的短处看，因为越是这样，我们就越会觉得自己一无是处。而只要你不放弃，终有一天会找到适合自己的种子。

无论如何，也不能让眼睛失去光泽

人生有时真的就像一场拳击赛。在人生的赛场上，当我们被突如其来的"灾难"击倒时，有些灰心、有些丧气也实属正常，我们或许也躺在那里一度不想动弹，是的，我们需要时间恢复神智和心力。但只要恢复了，哪怕是稍稍恢复了，我们就应该爬起来，即便有可能再次被击倒，也要义无反顾地爬起来，纵然会被击倒100次，也要爬起来。因为不爬起来，我们就永远输了；再爬起来，就还有转败为胜的希望。

一夜之间，一场雷电引发的山火烧毁了美丽的"森林庄园"，刚刚从祖父那里继承了这座庄园的哈文陷入一筹莫展的境地。百年基业，毁于一旦，怎不叫人伤心。

哈文决定倾其所有修复庄园，于是他向银行提交了贷款申请，但银行却无情地拒绝了他。

再也无计可施了，这位年轻的小伙子经受不住打击，闭门不出，眼睛熬出了血丝，他知道自己再也看不见曾经郁郁葱葱的森林了。

Chapter 4　在希望泯灭之前，一切皆有可能

一个多月过去了，年已古稀的外祖母获悉此事，意味深长地对哈文说："小伙子，庄园成了废墟并不可怕，可怕的是，你的眼睛失去了光泽，一天一天地老去，一双老去的眼睛，怎么能看得见希望……"

哈文在外祖母的说服下，一个人走出了庄园。

深秋的街道上，落叶凋凌一地，一如他凌乱的心绪。他漫无目的地闲逛，在一条街道的拐弯处，他看到一家店铺的门前人头攒动，他下意识地走了过去。原来是一些家庭主妇正在排队购买木炭。那一块块木炭忽然让哈文的眼睛一亮，他看到了一丝希望。

在接下来的两个星期里，哈文雇了几名炭工，将庄园里烧焦的树木加工成优质的木炭，分装成 1000 箱，送到集市上的木炭经销店。

结果，木炭被抢购一空，他因此得到了一笔不菲的收入，然后他用这笔收入购买了一大批新树苗。几年以后，"森林庄园"再度绿意盎然。

一把火烧毁的只是一时的希望，即使在一片死灰里同样可能蕴藏着生机，无论面对什么，只要能永远保持一双明亮的眼睛，就意味着处处都有转机。

其实生活就是一面镜子，你对着它哭，它也对你哭；你对着它笑，它也对你笑。跌倒了，我们只要能够爬起来，就谈不上败，坚持下去，就有可能成功。人这一生，不能因为命运怪诞而俯首听命，任凭它的摆布。等年老的时候，回首往事，我们就会发觉，命运只有一半在上天的手里，而另一半则由自己掌握，而我们要做的就是——运用手里所拥有的去获取上天所掌握的。我们的努力

越超常，手里掌握的那一半就越庞大，获得的也就越丰硕。相反，如果我们把眼光拘泥在挫折的痛感之上，就很难再有心思为下一步做打算，那么我们的精神倒了，可能真的就再也爬不起来了。

　　毫无疑问，跌倒了站起来，这是勇士；跌倒了就趴着，这是懦夫！如果我们放弃了站起来的机会，就那样萎靡地坐在地上，不会有人上前去搀扶你。相反，只会招来别人的鄙夷和唾弃。要知道，如果你愿意趴着，别人是拉不起你的，即便是拉起来，你早晚还会趴下去。人其实不怕跌倒，就怕一跌不起，这也是成功者与失败者的区别所在。在这个世界上，最不值得同情的人就是被失败打垮的人，一个否定自己的人又有什么资格要求别人去肯定？自我放弃的人是这个世界上最可怜的人，因为他们的内心一直被自轻自贱的毒蛇噬咬，不仅丢失了心灵的新鲜血液，而且丧失了拼搏的勇气，更可悲的是，他们的心中已经被注入了厌世和绝望的毒液，乃至原本健康的心灵逐渐枯萎……

　　所以，如果还想要人生有点色彩，就不要轻易下结论否定自己，不要怯于接受挑战，只要开始行动，就不会太晚；只要去做，就总有成功的可能。世上能打败我们的，其实只有我们自己，成功的门一直虚掩着，除非我们认为自己不能成功，它才会关闭，而只要我们觉得还有可能，那么一切就皆有可能。

Chapter 5
人生，就是在不断延续挑战

所谓人生，就是不断挑战、不断攀登命运高峰的过程。生命中的挑战并不是要让你陷于停顿，而是要帮助你发现自我。一次挑战就是一次向自己和他人证明你能力的机会。

每个人心中都应该装有一座山

　　有人问英国登山家马洛里："为什么要攀登世界最高峰。"他回答："因山就在那里。"其实，每个人心里都应该有一座山，去攀登这座山，有时纯粹只是精神上的一种体验。为了这种体验，可能要体会常人所不能想象的苦，结局也未必美好，可因为拥有了过程，就此生无憾了！至少它可以证明，我们曾经年轻过。

　　他在农村长大，从小钟爱唱歌。初中毕业后，他开始学吉他，渐渐在当地小有名气。音乐就是他的全部，当他全力去追逐梦想时，却被乡亲们看作是不务正业。就连父母也反对，劝他脚踏实地，早点成家，安心过日子。但是，梦想的召唤，让他无法平静。他瞒着父母，从家里跑出来，到了陌生的北京。

　　最后找到后海，没见到大海，到处都是酒吧。他无比兴奋，满怀期望，一家家去问，要不要歌手，无一例外被拒绝。他乡音太重，没人坚信他能唱好歌。走了大半夜，脚抬不动了，得找个地方过夜。他身上只带了几十元钱，别说住店，吃饭都成问题。他抱着吉他，在地下人行通道里睡了一夜。

　　第二天，他继续找工作。幸运的是，一家酒吧答应让他试唱。露宿了两夜，他总算找到安身之所：两间平房中间有条巷子，上方搭了个盖，就是一间房。房间不到两平方米，能容下一张床，进门就上床，伸手就能摸到屋顶。头顶上方是个鸽子窝，鸽子起飞时，飞舞的羽毛从窗外飘进来，绝无半点诗意。虽然简陋，好歹能遮风挡雨，最主要的是便宜，才200元一个月。他告诉房东，我给你100元，住半个月。身上没钱，即使这100元，他还得赊欠。

不久后，他发现自己并不适合酒吧。为了让更多人分享自己的音乐，他决定离开酒吧，去街头献唱。选好地方，第一次去，他连吉他都没敢拿出来就做了逃兵。他脸皮太薄，连续三天都张不开嘴。第四天，他喝了几两白酒壮胆，最后唱出来了。清澈的嗓音，伴着悠扬的琴声，仿佛山涧清泉流淌，无数人被他的歌声打动，驻足流连。他的歌被传到网上，他的歌迷越来越多。这个叫阿军的流浪歌手，渐渐为人所知，大家都叫他"中关村男孩"。

他离梦想似乎更近了，可有多少人了解他背后的艰辛？没有稳定的收入，他只能住地下室；没有暖气，冬天跟住在冰窖里差不多；为了省电费，只能用冷水洗头；不穿浅色衣服，伙食定量，10元钱大米吃一个星期，两顿饭一棵大葱，三天一包榨菜。每次家人打来电话，他总是说在酒吧唱歌，住员工宿舍，整洁卫生，还有暖气。他学会并领悟了心安理得地说谎，再苦也不想回家。梦想那么大，只有北京才装得下。

其实，他完全能够不用受这份苦。家里的条件不是太差，有新房子，有深爱他的兄弟姐妹，父母都期望他早日成家。他能够像身边的同龄人一样，在老家找一份简单的工作，安安稳稳地过一辈子。但是，心里总有一个声音在呼唤，梦想让他无法抗拒。他说："我还年轻，如果不出来闯一闯，一辈子都不得安宁。"

在这个世界上，还有许多像阿军一样的人，他们走得很急，发愤地追逐着自己的梦想。有的人可能会给这个世界留下些什么，有的人可能只能成为过客，但都没有关系，如果你定下一个高层次的目标，就算失败了，你的失败也在很多低层次的人的所谓成功之上。

登山者之所以能够征服高山，是因为他的心中就有那样一个高度；航海者之所以能够征服海洋，是因为他的心中就有那样一个广度。每个人心中都应该有一座山、一片海，这山、这海，其实就是个盼头，活着，就得有个盼头。世界上多少伟大的事业就是靠着这个盼头所产生的力量而成就的。

你的负担终将变成你最受用的礼物

传说有一种名为蜾蠃的小虫，喜欢背东西。一边行走一边把东西放在背上，直到不堪重荷，却仍不断背上新的东西，直到力竭而死。有人可怜它，便用手拿掉它背上的重物，让它轻松些。但这虫仍然把其他重物背起，结果还是被重物所压垮。

于是有人嘲笑蜾蠃的愚蠢，嘲笑它大可不必如此辛劳吃力以至因此绝命。但换个角度看，蜾蠃善负又何尝不是一种生命的大智慧——不断增加目标，才能使生命尽显价值。

有压力就有动力，这是物理学上的公理，也是人生的公理。挑着重担的人往往比空手步行的人走得快，其中的奥妙，便是压力的作用。

Chapter 5　人生，就是在不断延续挑战

牧民喂马时有这样一种传统，他们喂马，是用筐把草吊在很高的围栏上，而不是直接放在地上让马吃。牧民为什么要这样做呢？他们给出的答案是：有时候草质不好，这样的草放在地上，马不爱吃，用蹄子挑来挑去，把草糟蹋得不成样子，太浪费了。但你要是把草挂在它勉强能吃得到的地方，它就会不停地吃，直到把草吃个精光。

这不仅又让人想起另一个有趣的故事。

据说有个企业家的儿子好吃懒做，二十几岁了还整天不务正业。企业家对儿子的未来很是担心。一天，企业家让儿子去赚200元回来，如果能够赚到就再奖励他400元。儿子大摇大摆地出门了，企业家的妻子怕从小娇生惯养的儿子吃不了苦，便偷偷塞给他200元。傍晚，儿子回来了，把200元钱交给了企业家。企业家一把将钱扔进了火炉，儿子丝毫不在意。

第二天，企业家仍叫儿子出去挣200元回来，这次他的妻子没有再给儿子塞钱。天已经完全黑了，儿子才一脸疲惫地回来，可他只挣了80元。企业家正要把钱放到火炉中，儿子急了，冒着手被烧伤的危险从火中把钱抢了回来。企业家终于满意地笑了。

没有余地，不给马挑拣的机会，它如果不努力吃高处的草，就要挨饿；对于自己辛苦赚来的钱才知道心疼，富二代如果不努力赚钱，将来也要受穷。人，生于忧患，死于安乐。如果贪图安逸，不思进取，那么到头来只能被社会所淘汰，给自己一副胆子，虽然沉重，但挑起来了，也就挑起了希望。

有时你的人生仅仅需要一根刺

人生需要刺激，就犹如一堆干柴，如果不遇火星，就无法燃烧，就是永远的多余、无用、丑陋。

很多时候，将人击垮的，并非是巨大的挑战，而是琐事构成的倦怠。因为它们实在太微不足道，而你又无法摆脱它，在这种过程中，你得不到任何补偿，只会不断地被耗费，变得疲倦、懈怠。

"十一"假期，李炜来了一次说走就走的旅行，到文化底蕴深厚、风景四季如画的江南城市一番畅游。大学室友热情地接待了他，还带他参观了自己所在的外资企业，并给他详细介绍了公司里的各种待遇和良好的工作氛围。室友说，他现在的月薪有7000多元，好的时候能达到1万以上。这让在东北小城事业单位按部就班、每月拿着2000多元工资的李炜艳羡不已。学的是同样的专业，拿的是同样的文凭，能力也相差无几，所处的环境和待遇却相差如此之大，李炜不禁有些怅然若失。

临走前，室友约他一起去登山。狭窄的山路荆棘丛生，李炜不小心被划破了手臂，血一下子流了出来。李炜感到十分疼痛，心里不禁有些奇怪，以往也被划伤过，无论伤口多深，流了多少血，并不觉得怎么疼，可今天为何疼痛的感觉如此明显呢？李炜将自己的感触说给室友听，室友笑了笑，说道："要我说，你这是酸葡萄心理在作怪。在此之前，你已经习惯了一杯茶、一支烟、一张报纸看半天的机械式生活，在那种一成不变的工作环境里，你对自己的工作、收入、社会地位都很满意，安于现状的你已被磨出了一层厚厚的老茧，所以即便有一些小小的伤，你也不会感觉有多疼。对你来说，这些小伤小痛无所谓啊，反正一切都有保障。可是当你接触了不一样的环境以后，你的心态有了变化，新鲜的东西，更好的工作环境、待遇，就像尖锐的刺一样，直接扎到了你心里，你不疼才怪呢。要我看，你就应该让自己多碰碰刺才对。"

朋友的话让李炜感到十分惭愧。是啊，这些年自己早已习惯了那种按部就班的生活和工作状态，忽略了它们所带来的惰性，现如今，这种惰性已经扎根在心里，竟让自己几近麻木了，如果不是这次旅行被"刺"了一下，自己依然在感觉良好，不思进取，故步自封呢！

回来后，李炜认真调整了自己的心态，不再被动接受任务，而是主动承揽工作，不再茶余饭后打麻将、扯闲篇，而是重拾当年的兴趣，提笔开始创作。他把工作当作享受，把写作当作快乐，各个方面都有了很大的起色和转变。这一切，都应该感谢自己被"刺"的那一下吧。

人生，最糟糕的境遇不是贫困，不是厄运，而是精神上处于一种无知无觉的疲惫状态，感动过你的一切不能再感动你，吸引过你的一切不能再吸引你，甚至激怒过你的一切也不能再激怒你，即便是饥饿感与仇恨感，也是一种能让人强烈地感到自己存在的东西，但那种疲惫却会让人止不住地滑向虚无。

热火的灼烧虽然令人疼痛，却能够帮人摆脱柴堆的那种多余、无用和丑陋；心里有刺虽然不好受，却足以让心灵抖落倦怠的尘，露出它内部的光。

人生需要刺激，它可以是爱，可以是狠，可以是疼，可以是痛，可以是酸甜苦辣，无论是什么，请都不要拒绝。

所谓瓶颈，只是你对自己的束缚

不敢向高难度挑战，是对自身潜能的束缚，只能使自己的无限潜能浪费在无谓的琐事中，与此同时，无知的认识还会使人的天赋减弱。这就是在作茧自缚，是你消极的思想将自己固定在了一个界限之中，但事实上，这个界限并非不可突破。

想要突破界限，破茧成蝶，首先就要从"心"做起。你的心有多大，世界就有多大；心的宽度，就是你世界的宽度。它可以帮助你超越困难、突破阻挠，最终达到你的期望。

有个中学生，在一次数学课上打瞌睡，下课铃声把他惊醒，他抬头看见黑板上留着两道题，就以为是当天的作业。回家以后，他花了整夜时间去演算，可是没结果，但他锲而不舍，终于算出一题。那天，他把答案带到课堂上，连老师都惊呆了，因为那题本来已被公认无解。假如这个学生知道的话，恐怕他也不会去演算了，不过正因为他不知道此题无解，反而创造出了"奇迹"。

还有一个人，从小患有小儿麻痹症，后来他瘫痪了，二十多年来，他一直无法走路。一个冬天的夜晚，他所居住的那排房子突然失火了。火借风力,越烧越烈,熊熊大火将房子包围了。大火威胁着每个人的生命,房子里面的人摸索着从烈火和烟雾中跑了出来,喊叫声、哭泣声、嘈杂声充斥着火灾现场的每一个角落,忙于逃命的人们根本无暇顾及他。

火燃烧着,人们忙着逃命,他也不例外。他忘记了自己瘫痪的身躯,从大火中挣扎着跑了出来。有人发现他跑出来时说道:"哎呀,你是瘫痪的!"听了这句话,他颓然倒下了,从此瘫痪得更加严重,他彻底地放弃了治疗,不久就过世了。

这都是真实发生过的故事。可以看出,不是环境也不是遭遇能够决定人的一生,而是看人的心处于何种状态,这就决定着一个人的现在,也决定着他的未来。

所以,接下来,你必须向"极限"发出挑战,这是获得高标生存的基础。在当今这个竞争激烈的大环境下,如果你一直以"安全专家"自居,不敢向自己的极限挑战,那么在竞争的对抗中,就只能永远处于劣势。当你羡慕甚至是忌妒那些成功人士时,不妨静心想想:为什么他们能够取得成功?你要明白,他们的成功绝不是幸运,亦不是偶然。他们之所以有今天的成就,很大程度上,是因为他们敢于向"瓶颈"发出挑战。在纷扰复杂的社会上,若能秉持这一原则,不断磨砺自己的生存利器,不断寻求突破,就能占有一席之地。

没有不可能，只有自我的不认同

任何障碍都不是失败的理由，那些倒在困难面前的人，只是在心里将困难放大了无数倍。这种行为的实质就是"自我设限"，是一种消极的心理暗示，它使我们在远未尽力之前就说服自己"这不可能……"，于是我们的心会首先投降——"我不会。我完成不了……"放纵自己这样想的人很难成功，因为他已经在潜意识中停止了对成功的尝试。而事实上，这世上没有那么多不可能。

2002年，朱兆瑞在英国留学时无意中从《卫报》上看到了一则启事，大意是《卫报》要招募两名年轻人进行环球旅行，一个人向东走，一个人向西走，所有的费用都由报社支付，唯一的条件是旅行者需每天向报社写一篇文章。在一次和英国学生酒后打赌后，MBA还没毕业的朱兆瑞揣着3000美元开始了他的环球旅行。为了最大限度地缩减开支，他将所学的知识运用到实践中，制订了周密的旅行计划，设计了合理的旅行线路。

这3000美元的环球旅行并不像我们所想象的那样，睡车站、码头、节衣缩食。每到一个国家，他都会吃一些有特色的大餐。具体算下来，他每天的吃饭费用在10美元左右。有30%的时间住的是青年旅馆，40%是星级酒店，其余大部分时间他住在朋友家。靠着这种科学合理的方式他游历了世界28个国家和地区，并参观了世界 500 强公司。

更令人难以置信的是，在他环球旅行中有一张最便宜的机票，从布鲁塞尔到伦敦，折合人民币 8 分钱！

环球旅行结束后，朱兆瑞写了一本名为《3000 美金，我周游了世界》的畅销书，面对众多媒体和好奇的读者他说得最多的一句话是："用勇气去开拓，用头脑去行走，用智慧去生活。"

成功与失败皆取决于思想的力量。掌控你自己的思想，你就能把握成功。

上帝只会拯救有自救意识的人，成功只属于有追求、敢拼搏的勇士。对于容易被人生中种种困难所恐吓和束缚的人来说，成功永远是一个美丽的、遥不可及的梦，只能存在于"如果人生可以重来"的想象之中。

审视曾经的失败你会发现：原来在还没有扬帆起航之前，许多的"不可能"就已经存在于我们的假象之中。现在你明白了，很多失败不是因为"不能"，而是源于"不敢"。不敢，就会带来想象中的障碍。

所以我们必须告诉自己的心：没有绝对的不可能，只有自我的不认同——不认同勇气，不认同坚持，不认同自身的潜能，所以，"我"才不敢去拼搏，所以才难以与成功握手！

如果不去尝试，怎能确定不行

即使不成熟的尝试，也胜过胎死腹中的计划。

任何一个有成就的人，都有勇于尝试的经历。尝试也就是探索，没有探索就没有创造，没有创造也就没有成就。

"我的确是残疾，我参加选美，就是站出来告诉每个人，也许我们外表不同，说话方式、行为举止也不尽相同，但我们都能做得很棒。"对于身体上的不完美，凯利从小到大一直都不回避。

小凯利出生时左臂就只有半截。尽管如此，父母依然对她宠爱有加，凯利也因此养成了活泼乐观的性格。小时候，每当小伙伴问凯利，为什么她的左手只有半截时，凯利总是坦然地开玩笑说："另外半截被鲨鱼咬掉了呀。"从小就习惯被别人注视的她，比一般孩子更加大胆、勇敢，不管是男孩的项目——棒球，抑或是女孩喜欢的跳舞，凯利几乎样样擅长。"我的世界里没有'不行'两个字，没有什么是我不敢尝试的。"在不断尝试的过程中，凯利发现了自己的兴趣和热情所在——舞台。"在舞台上，我能够抬头挺胸、自信满满地做自己。在这里，我允许别人盯着我看个够。"

凯利以前从未想过自己会登上选美的舞台。"我根本没憧憬过这条路。"虽然如此，当她得知选美比赛的消息时，这位从不拒绝尝试的女孩自然也不会错过。"当时我想，为什么不呢？这样更多的人就能听到我的声音。我觉得我能够做到，也会乐在其中。"2013年2月，凯利开始为选美紧锣密鼓地训练。

4个月中，除了遵守严格的饮食规律外，凯利的训练无所不包，从穿高跟鞋走路、回答问题，到发型、服饰、拍照姿势，甚至包括笑容的幅度。

凯利的努力没有白费。历时3天的比赛中，凯利的阳光、乐观与机智一次次让评委刮目相看。才艺表演时，她以高亢的嗓音唱出音乐剧《女巫前传》的经典曲目《反抗引力》，全场仿佛听到了她的心声："我要反抗引力腾飞，谁也不能阻止我。我不要再认命，就因为别人都说本应如此。也许有些事我改变不了，但若不去试，我怎么能确定！"

荣膺"爱荷华小姐"之后，凯利迅速被美国CNN、ABC等知名媒体包围，要求采访，都被凯利拒绝。她说："之所以参赛，我是要证明：残疾人和普通人一样，普通人做得到的，残疾人也做得到。"

每一次的成功都是由尝试开始，若不是开始尝试去做某件事，最后也不可能得到一种结果。当然，也许这个结果是痛苦的，也许这个过程折磨得人想要放弃，甚至怀疑自己的能力，但是，只要你还愿意尝试，或许前面那扇成功的门就是虚掩着的。

人这一生，有些苦是必须要吃的

如果把你的一生泡在蜜罐里，你感觉不到甜蜜。正是因为有了苦味，我们才知道守候与珍惜：守候平淡与宁静，珍惜活着的时光。

人这一生，总有些苦是必须要吃的，今天不苦学，少了精神的滋养，注定了明天的空虚；今天不苦练，少了技能的支撑，注定了明天的贫穷。所以即使再苦再难也要笑着走下去，这是我们成长中所必须经历的坎儿，跨过它，就会感悟到生命不一样的精彩。

村头老张家有几棵核桃树，每年春夏之交，都长得枝繁叶茂，一派欣欣向荣的景象。

核桃刚成形的时节，村子里馋嘴的小孩常趁人家不注意，用石块、木棍将伸出墙外的核桃树一阵乱打。等小张闻声出门的时候，捣蛋鬼们早已跑得无影无踪。眼见核桃树被打得枝折叶落，小张很是心疼。

"完了，今年的核桃肯定减产了！"小张惋惜地说。

站在一旁的老张却一脸高深莫测的笑意："没关系，这是好事，是好事！"小张莫名其妙。老张说："等秋天收核桃的时候你就明白了。"

此后，每每有馋嘴的小孩趁着他们不注意袭击核桃树时，小张想出门驱赶，老张总是劝阻："随他们去吧，他们其实是在帮我们呢。"小张不明就里,但既然父亲发话了,他也不好再说什么,只能眼睁睁看着那些小孩糟蹋自己家的核桃树。

到了秋天该收核桃的季节,老张家靠墙的核桃树已经伤痕累累,几乎没有一根完整的枝丫。这时小张发现了一个奇怪现象——那些靠墙的核桃树所结的核桃,比院内没有被打过的核桃树所结的核桃,大多了,而且结的果实也多。摘下几颗一尝,受伤的核桃比没受伤的核桃居然好吃得多。这让小张百思不得其解,便去向父亲请教其中的原因。

老张解释说:"核桃树的脾气秉性和一般的果树不一样,你越伤害它,它长得就越茂盛,结的果实也越好吃,而且第二年会比第一年长得更好,尤其是正在结果成形的时候受的伤害越多越利于结果。"

果然,第二年小张发现,受过伤的那些枝丫长势比第一年还茂盛蓬勃,花开得更艳更密。

"草木不经风霜,则生意不固;吾人不经忧患,则德慧不成。"于自然界而言,或许命运更垂青那些伤痕累累却又倔强地迎着灾难和风雨生长的种子;于人生而言,或许命运更喜欢将最丰硕的果实馈赠给那些含着泪微笑,倔强而执着的灵魂。

不管结局怎样，都不要逃避

生命很短暂。怎样生活？一些人千方百计逃避生活，另外一些人把自己整个身心献给了它。前一种人在晚年时精神空虚，无所回忆；后一种人精神和回忆都是丰富的。

生命中，总有这样那样你不愿意面对的事情，然而只有解决它，你才能真正地享受生活。所以，不管结局怎样，都不要做一个逃避的人。

他相貌平平，毕业于一所毫无名气的专科院校，在毕业于众多名牌大学、头上顶着硕士、博士光环的应聘者中，他的表现却像是一个麻省理工大学留学生。

尽管他很自信，但面试官还是给了他一个无情的答复：你的专业能力并不足以胜任这个职位。这是事实。

他在得知自己被淘汰出局以后，显得有点失望、尴尬，但这个表情转瞬即逝，他并没有马上离开，而是笑了笑对面试官说："请问，您是否可以给我一张名片？"

面试官微微愣了一下，表情冷冷的，他从内心里对那些应聘失败后死缠烂打的求职者没有好感。

"虽然我不能幸运地和您在同一家公司工作，但或许我们可以成为朋友。"他解释说。

"你这样认为？"面试官的口气中带了一点轻视。

"任何朋友都是从陌生开始的。如果有一天你找不到人打乒乓球，可以找我。"

面试官看了他一会儿，掏出了名片。

那个面试官确实很喜欢打乒乓球，不过朋友们都很忙，他经常为找不到人打球而烦恼。后来，面试官和那个面试者成了朋友。

熟悉了以后，面试官问面试者："你不觉得自己当时提的要求有点过分吗？你当时只是一个来找工作的人，你不觉得你自我感觉太好了点吗？"

他说："我不觉得，在我看来，人与人之间是平等的。什么地位、财富、学历、家世于我而言没有意义。"

面试官笑了，他甚至觉得这个朋友有点酸得可爱，他笑着问："要是当初我不理你，你怎么下台？"

"我可能没法下台，但我不允许自己不去尝试。其实很多人不敢去做一些事情，并不是害怕失败本身，而是害怕失败以后的尴尬，人们觉得这很丢脸。可是，真正丢脸的并不是失败，而是不敢去开始。"

接着他说："大学的时候，我曾经非常喜欢一个女孩，可是我一直害怕被她拒绝，怕她说'你是一个好人……'，如果这样我会无地自容。所以大学那四年，我只敢远远地看着她，后来我偶然得知，她以前一直对我有好感，只是此时她已经找到了真正的归宿，我错过了本该属于我的幸福！"

"这是我迄今为止最大的遗憾，它是那样令我懊悔、心痛。自此以后，每每怯懦、退缩的念头冒出来时，我就会以此来告诫自己，不要怕可能出现的失败。否则，还是会一次次地错过。现在，我已经可以敢于迎向一切了，不管前面是一个吸引我的女孩，还是万人大会的讲台,我都会毫不迟疑地迎上去,虽然我知道这可能会失败,虽然我知道自己也许还不够资格。"

永远不要认为可以逃避,你所走的每一步都决定着最后的结局。面对,是人生的一种精神状态。想要成为一个什么样的人物,获得什么样的成就,首先就要敢于迎上去,只有面对了才可能拥有。即使最后没能如愿以偿,至少也不会那么遗憾。我们做事,结果固然重要,但过程也同样美丽。

对手,是上苍赋予我们的恩赐

有时,真正使你坚持到底、激励你昂扬前进的,往往不是顺境,不是朋友,而是那些可能置你于死地的对手。

对手是自己的压力,也是自己的动力。而且往往是对手给自己的压力越大,由此而激发出的动力就越强。对手之间,是一种对立,也是一种统一。相互排斥,又相互依存。尤其是在竞技场上,没有对手,也就没有活力。

把天王费德勒从网坛第一把交椅上拉下来的是纳达尔的目标。费德勒获得过14个大满贯冠军,在网坛拥有至尊地位,世间一度流传"铁打的费德勒,流水的对手"。但自从纳达尔横空出世后,费天王的地位受到了冲击,2008年他终于让位于纳达尔。

2009年澳网,纳达尔与费德勒再次会师决赛,比赛打得跌宕起伏。最终,纳达尔以钢铁般的意志再胜费德勒。颁奖典礼上,费德勒突然情难自已，双手掩面而泣。一旁的纳达尔见状，知道本次比赛失利对天王打击很大，连忙上前，一边说"对不起"，一边送上最诚挚的鼓励。不久前还在场上拼杀的对手，突然变成了最知己的朋友，相拥在一起。

　　费天王的状态一度滑落很快，舆论认为，他的巅峰期已经过了。纳达尔很不认同，回复道："以我对费德勒的了解，他仍然是世界上最全面、最优秀的球员，他取得的成功难以复制，目前的困难是暂时的，迟早会王者归来。"记者不解："难道你不想早点称霸网坛吗？"纳达尔说了一句耐人寻味的话："失去了费德勒，我也不会走得太远，他为我树立了一个标杆。"

　　此后不久，费德勒果然走出低谷，接连获得个人的第15个和第16个大满贯冠军。记者问他缘何东山再起，费德勒提到了纳达尔，他说："他是我一个难得的对手，有了他，我还会更进一步。"

　　纳达尔在网坛上的人缘极好，媒体说是他低调的性格使然。纳达尔却给出了不同的答案，他说："狼的存在，使鹿群始终保持健康向上，始终在竞争中壮大，如果没有了狼的虎视眈眈，鹿群的品质也会迅速弱化，最终反而丧失了生机。所以，我珍惜对手，尊重对手，因为强劲对手的存在，其实是上苍最大的恩赐。"

　　我们和对手的关系，就像八卦中的阴阳，相生相克，亦如磁石的南北两极，无此即无彼。正如一个优秀的运动员，如果没有对手，无论他技术多么精湛，也无从施展。对手愈强，愈显胜利分量之重。所以我们应该感谢对手，正是因为他们的存在，使我们身处忧患之中，逼得我们不断发掘潜质，展现最好的一面。如果没有对手，一场独角戏连自己都会厌倦。

无所畏惧，才能让自己勇往直前

挑战可以成就一个人，如果失去挑战精神，没有承担压力的勇气，人就会输掉一切。

不敢向困难和危险发出挑战，是对自己潜能的否定，只能让自己无限的创造力产生微不足道的成绩，而勇于向高难度挑战，是获得巨大成功的关键。一个人，做任何事都畏首畏尾，缺乏挑战精神，即使身负令人羡慕的才华和能力，也决然不会有什么大作为。人，只有在斗争中无所畏惧，才能把自己雕塑成器。

美国著名将领巴顿青少年时代就雄心勃勃，心存大志，发誓要成为一名勇往直前、毫不畏惧的将军。

小时候，巴顿发现自己虽然勇敢，但在危险面前也并非毫无顾虑。因此，他决定锻炼自己的胆量，克服隐藏在自己内心深处的恐惧心理，并时刻以"不让恐惧左右自己"自勉。

在西点军校学习期间，他有意识地锻炼自己的勇气。在骑术练习和比赛中，他总是挑最难跨越的障碍和最高的栅栏。在西点军校的最后一年里，有几次狙击训练，他突然站起来把头伸进火线区之内，要试试自己的胆量。为此，他受到了父亲的责备，而巴顿却满不在乎地说："我只是想看看我会有多害怕，我想锻炼自己，使自己不再胆怯。"

就这样，巴顿的性格变得异常勇猛无畏，而且自始至终地贯穿于他的军事生涯中。

1944年6月，西方盟国与法西斯德国之间的最后大决战以诺曼底登陆为先导打响了。在随之而来的一系列重大战役中，巴顿充分发挥装甲部队快速、机动和火力强大等特点，采取长途奔袭和快速运动的战术，以超常规的速度在欧洲大陆上大踏步前进，不顾一切地穷追猛打，长驱直入，穿越法国和德国，最后到达捷克斯洛伐克。

巴顿是在极其艰难的情况下向前推进的，他曾直率地告诉自己的下属，他要对付的"敌人"有两个——德军和自己的上司！对于战胜德军，巴顿满怀信心；对于能否"制伏"自己的上司，他却没有把握。但是有一点巴顿从未动摇过，"我们一分钟也不能耽搁，速度就是胜利！"在巴顿的鼓舞下，全体将士士气高昂，斗志旺盛，每个人都强烈地渴望向莱茵河进军，他们的直觉告诉自己：如果继续前进的话，没有任何力量可以阻挡。

在推进过程中，巴顿抓住一切战机迅速果断地围歼敌军。在281天的战斗中，巴顿率领的部队在100多英里长的作战正面向前推进了1000多英里，解放了130座城镇和村落，歼敌140余万，为解放法国、捷克斯洛伐克等国家并最终击败纳粹德国立下了汗马功劳。

巴顿创造的战绩是巨大的，也是惊人的。正如驻欧洲盟军总司令艾森豪威尔将军在战后所说："在巴顿面前，没有不可克服的困难和不可逾越的障碍，他简直就像古代神话中的大力神，从不会被战争的重负压倒。在'二战'的历次战役中，没有任何一位高级将领有过像巴顿那样神奇的经历和惊人的战绩。"

在作战方面，巴顿堪称世界现代战争史上最杰出的战术家之一，其主要特点是勇敢无畏的进攻精神。巴顿特别强调装甲部队的大范围机动性，尽一切努力使部队推进、推进、再推进。巴顿在战斗中的一句口头禅是："要迅速地、无情地、勇猛地、无休止地进攻！"有时，他下令："我们要进攻、进攻，直到精疲力竭，然后我们还要再进攻。"有时，他对部下说："一直打到坦克开不动，然后再爬出来步行……"正是这种勇敢无畏的进攻精神，使得巴顿率领的部队在战场上所向无敌，无往而不胜。

　　巴顿的勇猛无畏，使他赢得了"血胆将军"的称号，并因在"二战"中立下赫赫战功而被授予"四星上将"的军衔。

　　每个人生来的素质都差不多，别人能做成的事，你也能做成。你应该有充沛的精力和强大的魄力，要鼓起勇气，下定决心，与一切懦弱的思想作斗争。只有这样，你才能激发进取精神，才能感受生活的快乐，才能最大限度地挖掘自身的潜能。生活中的恐惧和不安，其实都是因为你的勇气不足，一旦获得了勇气，很多问题便能迎刃而解了。

要做，就做到最好

　　玛格丽特·撒切尔是一个享誉世界的政治家，她有一位非常严厉的父亲。父亲总是告诫自己的女儿："无论什么时候，都不要让自己落在别人的后面。"撒切尔牢牢记住父亲的话，每次考试的时候她的成绩总是第一，在各种社团活动中也永远做得最好，甚至在坐车的时候，她也尽量坐在最前排。后来，撒切尔成为了英国历史上唯一的女首相，众所周知的"铁娘子"。

在这个以竞争求生存的世界上，如果你没有"争第一"的念头，就不会有所作为。你的人生必然一塌糊涂，必然极度乏味、极度平庸。想要成功，你就必须把自己定位为成功者，并在这条路上矢志不移地走下去！

土生土长的温州人周大虎毕业以后进入当地邮电局工作。刚开始，他的工作很简单，就是扛邮包。这虽是个体力活，但是，要强的他却经常叮嘱自己"要做就做最好，搬运工干好了也能干出名堂！"

在这样一种积极上进的思想指引下，他的工作做得果然很出色。很快，就得到了领导的肯定，将他提了干。成为干部的他做事更认真、踏实了，他铆足了劲要做到更好，绝不辜负领导的栽培。

就这样，他很快又升了职，调到为解决职工家属就业而专门成立的服务公司去当领导。到新岗位的第一天，他就给自己定下一个目标："一定要把这项工作做到最好，让手下这些临时工享受和正式工一样的待遇！"

于是，经过他的用心工作，他的目标很快就实现了。

几年以后，他的妻子意外下岗了，拿到了5000元的安置费。头脑灵活的周大虎便以此为资本开始创业，在家里开起了生产打火机的作坊。

由于他处处争强好胜，很快就将打火机生意做得有声有色。

当时，打火机销售非常火爆，当地的各家生产商都有做不完的订单，大家为了节省时间和成本，就开始偷工减料。但是，周大虎却没有效仿他们。因为"要做就做最好，永远做强者"的念头一天也没有从他脑海里消失，他是不会冒着自砸招牌的危险去"饮鸩止渴"的。

他依然毫不松懈地严把质量关，把每一笔订单都做到最好。市场自有公论，很快，"虎牌"打火机在市场上的优势就凸显了出来。从此以后，周大虎的订单猛增。而那些浑水摸鱼、生产劣质打火机的商家却因为接不到订单而先后关门了。

如今，周大虎公司生产的金属外壳"虎牌"打火机，已经有了全球打火机市场百分之九十多的份额，成功击垮了很多国际大公司，彻底坐稳了打火机行业老大的地位。

总结周大虎的成功经验，他的一句话很能说明问题，他说："我这个人有一点，做什么都想做到最好。"

什么都要做到最好，这就是周大虎成功的动力。假如不是一心想着做最好的那一个，他不会从一个搬运工成为干部；假如不是一心想着做强者，他不会从几千块钱开始做到今天的亿万富翁。

其实，世上除了生命我们无法设计，没有什么东西是天定的；只要你愿意设计，你就能掌握自己，突破自己。所以从现在起，从每一件小事情做起，把每一件事情做到最好，这是对于一个出色之人的最起码要求，不论做什么事，别做第二个谁，就做第一个我，要做就把事情做到最好。

Chapter 6

一辈子，总要冒险搏一次

世界上有许多做事有成的人，并不一定是因为他比你会做，而仅仅是因为他比你敢做。勇气是人类最重要的一种特质，一旦有了勇气，人类的其他特质自然也就具备了。

成功，是需要胆识的

在胆小怕事和优柔寡断的人眼中，一切事情都是不可能办到的，因为乍看上去似乎如此。每天，许多天才都因缺乏勇气而在这个世界消失。每天，默默无闻的人们被送入坟墓，他们由于胆怯，从未尝试着努力过；他们若能接受诱导起步，就很有可能功成名就。

一个园艺师向一个日本企业家请教："社长先生，您的事业如日中天，而我就像一只蝗蚁，在地里爬来爬去的，一点出息没有，什么时候我才能赚大钱，能够成功呢？"

企业家对他说："这样吧，我看你很精通园艺方面的事情，我工厂旁边有2万平方米空地，我们就种树苗吧！一棵树苗多少钱？"

"50元。"

企业家又说："那么以一平方米地种两棵树苗计算，扣除道路，2万平方米地大约可以种2.5万棵，树苗成本是125万元。你算算，5年后，一棵树可以卖多少钱？"

"大约3000元。"

"这样，树苗成本与肥料费都由我来支付。你就负责浇水、除草和施肥工作。5年后，我们就有上千万的利润，那时我们一人一半。"企业家认真地说。

不料园艺师却拒绝说："哇！我不敢做那么大的生意，我看还是算了吧。"

一句"算了吧"，就将摆在眼前的机会轻易放弃，每个人都梦想着成功，可又总是白白放走了成功的契机。成功，显然是需要胆识的。

你不富有，是因为你不配拥有

在这个世界上，有人会待在洞穴里，把未知的明天当作威胁，有人会攀到树梢上，把可能的威胁视为机遇；有人在给自己灌输胆怯，因为他不知道自己需要见证卓越，有人会给困难回以不屑，因为他知道自己正活出真切。一个人，只有摆脱洞穴里的懦弱影子，扯断枷锁捆绑的懦弱，才能够最终赢得这个世界。

其实，每个人都有好运降临的时候，但他若不及时注意或竟顽固地抛开机遇，那就并非机缘或命运在捉弄他，而要归咎于他自己的疏懒和荒唐，这样的人最应抱怨的其实是自己。

如今，从市值上看，苹果电脑公司已经成为超级企业。一直以来，大家都只知道已故的乔布斯先生是苹果公司的创始人，其实在30多年前，他是与两位朋友一起创业的，其中一名叫惠恩的搭档，被美国人称为"最没眼光的合伙人"。

惠恩和乔布斯是街坊，两个人从小都爱玩电脑。后来，他们与另一个朋友合作，制造微型电脑出售。这是又赚钱又好玩的生意。所以三个人十分投入，并且成功地制造出了"苹果一号"电脑。在筹备过程中，他们用了很多钱。这三位青年来自中下阶层家庭，根本没有什么资本可言，于是大家四处借贷，请求朋友帮忙。三个人中，惠恩最为吝啬，只筹得了相当于三个人总筹款的1/10。不过，乔布斯并没有说什么，仍成立了苹果电脑公司，惠恩也成为了小股东，拥有了苹果公司1/10的股份。

"苹果一号"首次面世便大受市场欢迎，共销售了近10万美元，扣除成本及欠债，他们赚了4.8万美元。在分利时，虽然按理惠恩只能分得4800美元，但在当时这已经是一笔丰厚的回报了。不过，惠恩并没有收取这笔红利，只是象征性地拿了500美元作为工资，甚至连那1/10的股份也不要了，便急于退出苹果公司。

当然，惠恩不会想到苹果电脑后来会发展成为超级企业。否则，即使惠恩当年什么也不做，继续持有那1/10的股份，到现在他就是亿万富翁了。

那么，当年惠恩为什么会愿意放弃这一切呢？原来，他很担心乔布斯，因为对方太有雄心，他怕乔布斯太急功近利，会使公司负上巨额债务，从而连累了自己。

惠恩在放弃与乔布斯一起合作的同时，也就宣告与成功及财富擦肩而过了。可以说，这件事给像惠恩一样胆小怕事的人深深上了一课，它在毫不掩饰地嘲笑那些没有胆量的人：你不富有，是因为你不配拥有！只有那些敢于承担风险的人，才能比别人获得更多的额外机会！

我们身边每天都会围绕着很多的机会，包括爱的机会。可是我们经常因为害怕而停止了脚步，结果机会就这样偷偷地溜走了。此刻，在你的生命里，你想做什么事，却没有采取行动；你有个目标，却没有着手开始；你想对某人表白，却没有开口；你想承担某些风险，却没有去冒险……这些，恐怕多得连你自己都数不清吧？也许一直以来你都在渴望做这些事，却一直耽搁下来，是什么因素阻止了你？是你的恐惧！恐惧不只是拉住你，还会偷走你的热情、自由和生命力。是的，你被恐惧控制了决定和行为，它在消耗你的精力、热忱和激情，你被套上了生活中最大的枷锁，就是活在长期的恐惧里——害怕失败、改变、犯错、冒险，以及遭到拒绝。这种心理状态，最终会使你远离快乐，丢失梦想，丧失自由。

有没有路，往前走走就知道了

没有一丝光线照亮哪怕是一条崎岖的路。他孤独的心单调地跳着。艾怨命运不济，抱膝而坐任凭泪水潸然。一个木棍敲地的声音靠近了他，木棍后引着一位佝偻着脊背的盲人。

"前面可能没有路！"

他的提醒在黑暗中显得格外虚弱。

"往前走走就知道了！"

盲人没有停下，越过他而去。木棍敲地的声音一点点弱下去，直至消失。那苍老的声音却在他的脑子里越来越响。

"往前走走就知道了！"

他想提醒别人，反而被别人提醒了。

从此，他的面前不论摆着什么困境，他都这样做了。而且送给别人的提醒也成了"往前走走就知道了"！

一个人只要具有往前走的勇气，他就能看到另一块天空是多么美丽，同时他也能看到自己生命中的奇迹。

我们可能经常面临一些恐惧的情境，那是我们对未知的恐惧。这时候，很多人选择了逃避，这是最糟糕的选择。有些风险是值得我们去尝试的，尝试之后，可能给我们很大收获，逃避不是办法。

一位心理学家到托拉斯州的威奇托城演讲，要到达目的地他必须乘飞机从纽约到辛辛那提去，路程大概有900公里。毕奇航空公司的老板毕奇夫人，很慷慨地借给他一架飞机并给他配了一位飞行员。当他们飞到密西西比州上空时，本来晴空万里的天空一下子变得雾蒙蒙的，能见度极低。"我们必须飞过雾气层，"飞行员说，"因为地面的热气、尘土和烟雾常会引起低空的薄雾。这样危险极大，要保证安全我们必须要再飞高1000英尺，飞到雾气上方去。"当飞机升高后，他们果然进入了一个完全不同的世界。更上层的天空晴朗无比，能见度非常高，是适合飞行的绝好天气。

当我们向未知的领域前进一步时，可以发现更蓝的天空。

我们的生活是复杂的，也是变化多端的。有时没有什么风浪，有时险象环生；有时丽日晴空，有时风雨雷电；有时鲜花盛开，有时满路荆棘。面对多样复杂的生活，如何唱响成功的主旋律？成功者的回答是：勇于面对风险，不向恐惧屈服，大胆去开拓和创造。

如果我们的生活总是波澜不惊，千篇一律，这样机械单调的生活，如何激发人们的热情和朝气？如果今天总是一成不变地重复着昨天的故事，每天毫无变化地生活着，如何积累经验和增长智慧。人们希望长寿，希望过好日子，希望在不远的将来有全新的格局出现。因此，只有具有打破陈规陋习的勇气，不为传统所束缚、吓倒，生命才有意义。

虽然我们不知道未来是什么样子，但至少了解，未来存在着成功的可能性，未来就好像一个冥然无知的黑洞，靠我们去探索、去发现，那未知的阳光和希望。

勇气为你创造改变命运的机遇

这世界上有一种人不会有大出息，就是那些树叶掉下来都怕砸脑袋的胆小鬼。诚然，谨慎没有什么不好，但太过谨慎，做什么事都如履薄冰、战战兢兢，不具备丝毫挑战的勇气，就会失去改变命运的机遇。

面对机遇与风险的抉择，聪明人从来不会放弃搏击的机会，在"无利不求险，险中必有利"的商战中更是如此。洛克菲勒当然更是深谙此中之道，他曾说："我厌恶那些把商场视为赌场的人，但我不拒绝冒险精神，因为我懂得一个法则：风险越大，收益越高。"是的，"富贵险中求"，谁也避免不了。风险和回报是成正比的，要想成为一个成功的商人，没有一点冒险精神是不行的。

在投资石油工业前，洛克菲勒的本行——农产品代销正做得有声有色，继续经营下去完全有望成为大中间商。但这一切都被他的合伙人安德鲁斯改变了。安德鲁斯是照明方面的专家，他对洛克菲勒说："嘿，伙计，煤油燃烧时发出的光亮比任何照明油都亮，它必将取代其他的照明油。想想吧，那将是多么大的市场，如果我们的双脚能踩进去，那将是怎样一个情景啊！"

洛克菲勒明白，机会来了，放走它就会削弱自己在致富竞技场上的力量，留下遗憾。于是毅然决然地告诉安德鲁斯："我干！"于是他们投资4000美元，做起了炼油生意。尽管那个时候石油在造就许多百万富翁的同时，也在使更多的人沦为穷光蛋。

洛克菲勒从此一头扎进炼油业，苦心经营，不到一年的时间，炼油就为他们赢得了超过农产品代销的利润，成为公司主营业务。那一刻他意识到，是胆量，是冒险精神，为他开通了一条新的生财之道。

当时没有哪一个行业能像石油业那样能让人一夜暴富，这样的前景大大刺激了洛克菲勒赚大钱的欲望，更让他看到了盼望已久的大展宏图的机会。

随后，洛克菲勒便大举扩张石油业的经营战略，这令他的合伙人克拉克大为恼怒。在洛克菲勒眼里，克拉克是一个无知、自负、软弱、缺乏胆略的人，他害怕失败，主张采取审慎的经营策略。但这与洛克菲勒的经营观念相去甚远。"在我眼里，金钱像粪便一样，如果你把它散出去，就可以做很多的事，但如果你要把它藏起来，它就会臭不可闻。"洛克菲勒是这样想的。

克拉克不是一个好的商人，他不懂得金钱的真正价值，已经成为洛克菲勒成功之路上的"绊脚石"，必须踢开他，才能实现理想。但是，对洛克菲勒来说，与克拉克先生分手无疑是一场冒险。因为在那个时候，很多人都认为石油是一朵盛开的昙花，难以持久。一旦没有了油源，洛克菲勒的那些投资将一文不值。但洛克菲勒最终还是决定冒险——进军石油业。

后来，洛克菲勒回忆说："我的人生轨迹就是一次次丰富的冒险旅程，如果让我找出哪一次冒险对我最具影响，那莫过于打入石油工业了。"事实证明，洛克菲勒凭着过人的胆识，抱着乐观从容的风险意识，知难而进，逆流而上，赢得了出人意料的成功——他21岁时，就拥有了科利佛兰最大的炼油厂，已经跻身于世界最大炼油商之列。

这种敢于冒险的进取精神是洛克菲勒成功的又一重要因素，他曾告诫自己的儿子说："几乎可以确定，安全第一不能让我们致富，要想获得报酬，总是要接受随之而来的必要的风险。人生又何尝不是这样呢。没有维持现状这回事，不进则退，事情就是这么简单。我相信，谨慎并非完美的成功之道。不管我们做什么，乃至我们的人生，我们都必须在冒险与谨慎之间做出选择。而有些时候，靠冒险获胜的机会要比谨慎大得多。"

我们无所突破，也许不是缺乏克服困难的能力，而是缺乏克服困难的勇气。可能我们今天已经变得木讷而保守，如果是这样，就要重新拾回往日的激情与勇气，激发冒险的本能。一般情况下，风险越大，回报也就越大。因此，勇气的有无和大小，往往是贫穷和富有之间的分界线。

果敢无畏，才更容易得到机会

在我们的生命中，很多机会都只有一次，失去了它，你便失去了一种生活；得到它，你的命运或许就在机会中得到改变。

一个人要想把握住机遇，掌握自己的命运，除了具备独立的个性以外，更需要培养一种果断的个性。性格果断的人能抓住机遇，而性格优柔寡断的人就会失去机遇。

在选择面前，在机遇面前，在困惑面前，需要决策时，果断，会显得难能可贵。果断，是一种性格，也是一种气质，它会让身边的人体验到雷厉风行的快感。果断更是一种意境，只有果断行事、当机立断的人，才会让人钦佩、羡慕、依赖并从中获得安全感。

美国的钢铁巨头卡内基就是一个性格果断，善于把握机遇的人。

卡内基预料到，南北战争结束之后，经济复苏必然降临，经济建设对于钢铁的需求量便会与日俱增。

于是，他义无反顾地辞去铁路部门报酬优厚的工作，合并由他主持的两大钢铁公司——都市钢铁公司和独眼巨人钢铁公司成立了联合制铁公司。同时，卡内基让弟弟汤姆创立匹兹堡火车头制造公司和经营苏必略铁矿。

当时，美国击败了墨西哥，夺取了加利福尼亚州，决定在那里建造一条铁路，同时，美国规划修建横贯大陆的铁路。

几乎没有什么投资比铁路更加赚钱了。

联邦政府与议会首先核准联合太平洋铁路，再以它所建造的铁路为中心线，核准另外三条横贯大陆的铁路线。

但一切远非如此简单，纵横交错的各种相连的铁路建设申请纷纷提出，竟达数十万之多，美洲大陆的铁路革命时代即将来临。

"美洲大陆现在是铁路时代、钢铁时代，需要建造铁路、火车头、钢轨，钢铁是一本万利的。"卡内基这么思索。

不久，卡内基向钢铁发起进攻。在联合制铁厂里，矗立起一座22.5米高的熔矿炉，这是当时世界最大的熔矿炉，关于它的建造，投资者都感到提心吊胆，生怕将本赔进去一无所获。

但卡内基的努力让这些担心成为杞人忧天。他聘请化学专家驻厂，检验买进的矿石、灰石和焦炭的品质，使产品、零件及原材料的检测系统化。

在当时，从原料的购入到产品的卖出，往往显得很混乱，直到结账时才知道盈亏状况，完全不存在什么科学的经营方式，卡内基大力整顿，实施了层次职责分明的高效率的管理，使生产水平大为提高。

同时，卡内基买下了英国道兹工程师"兄弟钢铁制造"专利，又买下了"焦炭洗涤还原法"的专利。

他这一做法不乏先见之明，否则，卡内基的钢铁事业就会在不久的经济大萧条中成为牺牲品。

世上没有一个伟大的业绩是由事事都求稳操胜券的犹豫不决者创造的。果断地作出决策，把握机会，是成功者必备的素质之一。只有果敢决断的人，才能迅速把握来之不易的机遇，获得成功人生的辉煌。

勇于尝试，离成功更近

想法决定活法，这在敢于冒险的人身上能够充分体现出来，这种人有较高的成功欲望，他们往往通过冒险来捕捉和创造人生际遇，并在不断追求中使人生价值得以实现。

顾虑重重的人在观望和犹疑时，机遇已经像水一样从他的指缝中溜走了，我们常说的贻误战机，都是这样的人所为。敢于冒险的人才不会贻误战机，而且能够抓住它，一举而获全胜。

沃克开办了一家农机公司，开始的前几年，生意非常清淡，公司面临着破产的危险。为了能够让公司起死回生，沃克推出了"保证赔偿"的营销策略。沃克许诺，在机器开始使用两年内，如出现故障，由该公司免费维修。

这是一个极具风险的策略，因为收割机出现故障，究竟是人为操作不当，还是质量原因，公司很难调查清楚，因此几乎所有的公司高级职员都反对这一办法，建议沃克另作考虑。

沃克不为所动，因为他的想法来源于对自己产品的反复研究和思考。他认为自己生产的收割机虽然尚有需要改进之处，但质量方面绝不会出现问题。公司生意不好，在于产品的知名度不高，如果不能在服务方面给予用户足够的保障，就不可能打开营销局面，因此，他认为："投资必有风险，如果公司不开拓一条新路，是难以为继的。"

这一策略果然取得了成功，不过数年，这家公司就成了真正的国际性公司。

沃克敢想、敢为、敢创新，不因害怕失败而不去冒险，敢于尝试，最终成功。这就是现代生意人能够发财的秘诀！

每个人心中都应该有一种追求无限和永恒的倾向，这种倾向反映在行为上就是冒险。敢想敢做是一笔宝贵的财富，它在使人冲动的同时却又给予人们以热情、活力与敢向一切挑战的勇气，成功人士总能在事前预计到种种可能招致的损失，也就是跨出这一步所承担的风险，但他们不会因此而不敢冒险。

风险总是与机遇并存，机遇也常伴有风险，这是辩证统一的，并且风险越大，成功的指数也越大。为此，只要你观察准确，做好判断，目标明确，那就不妨勇敢去闯一闯，从而驯服风险，抓住战机，获得成功。

做大事，就要有破釜沉舟的决心

世界上最可怜又最可恨的人，莫过于那些总是瞻前顾后、不知取舍的人，莫过于那些不敢承担风险、彷徨犹豫的人，莫过于那些无法忍受压力、优柔寡断的人，莫过于那些容易受他人影响、没有自己主见的人，莫过于那些拈轻怕重、不思进取的人，莫过于那些从未感受到自身伟大内在力量的人，他们总是背信弃义、左右摇摆，最终毁坏了自己的名声，一事无成。

一天，有一个在恋爱中的年轻人很想到他的恋人家中去，找他的恋人出来，一块儿消磨一个下午。但是，他又犹豫不决，不知道他究竟应不应该去，恐怕去了之后，或者显得太冒昧，或者他的恋人太忙，拒绝他的邀请。于是他左右为难了老半天，最后，他勉强下决心去了。

但是，当车一进他恋人住的巷子时，他就开始后悔不该来：既怕这次来了不受欢迎，又怕被恋人拒绝，他甚至希望司机把他现在就拉回去。

车子终于停在他恋人的门前了，他虽然后悔来，但既然来了，只得伸手去按门铃。现在他好希望来开门的人告诉他说："小姐不在家。"他按了第一下门铃，等了3分钟，没有人答应。他勉强自己再按第二下，又等了2分钟，仍然没有人答应。于是他如释重负地想:"全家都出去了。"

于是他带着一半轻松和一半失望回去了,心里想:这样也好。但事实上,他很难过,因为这一个下午没法安排了。

你能猜到他的恋人当时在哪里吗?他的恋人就在家里,她从早晨就盼望这位先生会突然来找他,带她出去消磨一个下午。她不知道他曾经来过,因为她门上的电铃坏了。那位先生如果不是那么瞻前顾后,如果他像别人有事来访一样,按电铃没人应声,就用手拍门试试看的话,他们就会有一个快乐的下午了。但是他并没有下定决心,所以他只好徒劳而返,让他的恋人也暗中失望。

瞻前顾后的行为习惯使人丧失许多机会。很多时候,很多事情,如果我们能横下一条心去做,事情的结果就会大不相同。

当我们遇到问题的时候,时常并不是对这问题的本身不能理解,而是往往被枝节的问题所困扰,因为我们太容易被周围人们的闲言碎语所动摇,太容易瞻前顾后、患得患失,以至于给外来的力量一种可以左右我们的机会。谁都可以在我们摇晃不定的天平上放下一颗砝码,随时都有人可以使我们变卦,结果弄得别人都是对的,自己却没有主意。这真是我们成功途中的一个大障碍。

我们需要一种破釜沉舟的决心。"大不了就是做错了","大不了就是被人笑话一顿",而这些又能对你怎么样呢?一旦你有了这样一种意识,肯定就会敢做敢当,优柔寡断的现象肯定会在你身上消失得无影无踪。

沒有不冒风险就能赢得的成功

我们虽然不赞成赌徒式的冒险，但任何机会都有一定的风险性，如果因为怕风险就连机会也不要了，无异于因噎废食。

大凡成大事者，无不慧眼辨机，他们看到的不仅是风险，更在风险中发现并抓住机会。

1857年，摩根从德哥廷根大学毕业，进入邓肯商行工作。一次，他去古巴哈瓦那为商行采购鱼虾等海鲜归来，途经新奥尔良码头时，他下船在码头一带闲逛，突然有一位陌生白人从后面拍了拍他的肩膀："先生，想买咖啡吗？我可以出半价。"

"半价？什么咖啡？"摩根疑惑地盯着陌生人。

陌生人马上自我介绍说："我是一艘巴西货船船长，为一位美国商人运来一船咖啡，可是货到了，那位美国商人却已破产了。这船咖啡只好在此搁置……先生！您如果买下，等于帮我一个大忙，我情愿半价出售。但有一条，必须现金交易。先生，我是看您像个生意人，才找您谈的。"

摩根跟着巴西船长一道看了看咖啡，成色还不错。想到价钱如此便宜，摩根便毫不犹豫地决定以邓肯商行的名义买下这船咖啡。然后，他兴致勃勃地给邓肯发出电报，可邓肯的回电是："不准擅用公司名义！立即撤销交易！"

摩根勃然大怒，不过他又觉得自己的确太冒险了，邓肯商行毕竟不是他摩根家的。自此摩根便产生了一种强烈的愿望，那就是开自己的公司，做自己想做的生意。

摩根无奈之下，只好求助于在伦敦的父亲。父亲吉诺斯回电同意他用自己伦敦公司的户头偿还挪用邓肯商行的欠款。摩根大为振奋，索性放手大干一番，在巴西船长的引荐之下，他又买下了其他船上的咖啡。

摩根初出茅庐，做下如此一桩大买卖，不能说不是冒险。但上帝偏偏对他情有独钟，就在他买下这批咖啡不久，巴西便出现了严寒天气，一下子使咖啡大为减产。这样，咖啡价格暴涨，摩根便顺风迎时地大赚了一笔。

从咖啡交易中，吉诺斯认识到自己的儿子是个人才，便出了大部分资金为儿子办起摩根商行，供他施展经商的才能。摩根商行设在华尔街纽约证券交易所对面的一幢建筑里，这个位置对摩根后来叱咤华尔街乃至左右世界风云起了不小的作用。

这时已经是1862年，美国的南北战争正打得不可开交。林肯总统颁布了"第一号命令"，实行了全军总动员，并下令陆海军对南方展开全面进攻。

一天，克查姆——一位华尔街投资经纪人的儿子、摩根新结识的朋友，来与摩根闲聊。

"我父亲最近在华盛顿打听到，北军伤亡十分惨重。"克查姆神秘地告诉他的新朋友，"如果有人大量买进黄金，汇到伦敦去，肯定能大赚一笔。"

对经商极其敏感的摩根立时心动，提出与克查姆合伙做这笔生意。克查姆自然跃跃欲试，他把自己的计划告诉摩根："我们先同皮鲍狄先生打个招呼，通过他的公司和你的商行共同付款的方式，购买四五百万美元的黄金——当然要秘密进行；然后，将买到的黄金一半汇到伦敦，交给皮鲍狄，剩下一半我们留着。一旦皮鲍狄将黄金汇款之事泄露出去，而政府军又战败时，黄金价格肯定会暴涨；到那时，我们就堂而皇之地抛售手中的黄金，肯定会大赚一笔！"

摩根迅速地盘算着这笔生意的风险程度，爽快地答应了克查姆。一切按计划行事，正如他们所料，秘密收购黄金的事因汇兑大宗款项走漏了风声，社会上传出大亨皮鲍狄购置大笔黄金的消息，"黄金非涨价不可"的议论四处流行。于是，很快形成了争购黄金的风潮。由于这么一抢购，金价飞涨，摩根一看火候已到，迅速抛售了手中所有的黄金，趁混乱之机又大赚了一笔。

这时的摩根虽然年仅 26 岁，但他那闪烁着蓝色光芒的大眼睛，看去令人觉得深不可测；再搭上短粗的浓眉、胡须，会让人感觉到他是一个深思熟虑、老谋深算的人。

此后的一百多年间，摩根家族的后代都秉承了先祖的遗传，不断地冒险，不断地投机，不断地暴敛财富，终于打造了一个实力强大的摩根帝国。

机会常常与风险结伴而行，结伴而来的风险其实并不可怕，就看你有没有勇气去抓住机会，敢冒风险的人才有最大的机会赢得成功。

做别人想不到、不敢做的事情

社会的发展日新月异，人的消费意识和消费品位也从大众化走向个性化。以自己独具个性的产品适合消费者的个性消费，这已是摆在新世纪经商者面前回避不了的课题。所谓个性产品，就是要为自己的产品制造"人无我有"的营销氛围。

机会处处都在，只是有些人不敢去想，有些人不敢去做。因此，有的人去想了，也去做了，所以他们成功了。2002年韩日世界杯开战前，当韩国商人指望赚中国球迷的钱时，有一个中国球迷却异想天开，要赚韩元。2002年6月底，他携女友从韩国看球归来时，果真带回1亿多韩元，约合人民币100余万元。看"世界杯"，竟然让他成了百万富翁！

这个不同寻常的小伙子名叫蒋超。

刚满30岁的蒋超是湖南长沙一家电脑公司的销售员。蒋超想，世界杯召开之际，一定有很多商机，但是走许多人想到的发财之路，很难发财，一定要赚别人想不到的钱。

蒋超和女友随旅行团来到了韩国。有心赚韩元的蒋超，果断决定不同女友一起去西归浦看中国队的比赛，而是选择了前往韩国队首场比赛的地点——釜山。

蒋超独自来到釜山。他发现当地商人在出售价格便宜的铜制

"大力神杯"。蒋超心中一动：这种铜制品又贵又沉，自己何不用塑料泡沫仿制呢？这样，又便宜又能带入赛场，这样球迷们肯定更喜欢。

说干就干，第二天一大早，蒋超就买回了原料和工具，在宾馆里做起了他的"大力神杯"，做完后用金粉一刷，嘿，还真像那么回事！兴奋之下，他没日没夜地赶工，韩国队与波兰队的比赛开始前，他已经赶制出了152只漂亮的"大力神杯"。

比赛当天，蒋超将这些"大力神杯"拉到了釜山体育场的入口处叫卖，每只1万韩元。但无人问津，蒋超在心里默默祈祷：韩国队，只有你们赢了，我的这些产品才卖得出去啊！

开赛第25分钟，韩国先入一球，体育场内顿时欢声雷动，蒋超凭直觉感到韩国队今天会大胜，便立刻叫雇来的那个人火速去收购商场里的韩国国旗，一共买到了1000余面。蒋超决心放胆赌上一把。

比赛的结果韩国队以2∶0干脆利落地击败了波兰队，极度兴奋的韩国球迷们冲出球场，大肆庆祝韩国队的胜利。这时，蒋超摆放在那儿的韩国国旗和"大力神杯"顿时成了抢手货，它们很快便被抢购一空。兴奋的球迷们甚至连价格都不问，拿了东西丢下10万、20万韩元就走。当天夜里，在韩国人排山倒海的欢呼声中，疲惫不堪的蒋超开始盘算他的收益：扣除各项成本，他净赚1000万韩元(约合7万元人民币)。

首战告捷，更坚定了蒋超"赚韩元"的信心。第二天，蒋超立马赶赴韩国队第二轮比赛的城市大丘。在他的鼓动下，女友也改变了原来的游览计划，赶来大丘与他会合。两人夜以继日地赶制塑料泡沫"大力神杯"。眼见韩国队荷兰籍主教练希丁克在韩国的威信日升，精明的蒋超不仅定制了荷兰国旗，还特意找当地人印制了希丁克的画像。他的成本价才 25 韩元的"大力神杯"，最高甚至卖到了 15 万韩元一只。

蒋超和女友收获最大的还是在仁川，这次他们多了个心眼，赛前仅出售了一半带来的"大力神杯"和韩、荷两国国旗。他们决定把另一半生意做到比赛现场。

这次比赛，韩国队击败了夺冠大热门葡萄牙队。看台上的韩国人都疯狂起来了。蒋超和女友仅在现场批发、零售希丁克的画像就赚了 2000 万韩元。

赛后，首次冲进 16 强的韩国人足足庆祝了三天三夜，而这三天三夜的庆祝又带给了蒋超他们上千万韩元的进账！韩国队八分之一决赛的对手，是曾三夺世界杯的老牌劲旅意大利队。除了韩国人自己，几乎没有人相信韩国队能过这一关。这一次连蒋超也犹豫了。他关在宾馆里反复观看了两队在小组赛的录像。最后，他得出一个让女友都极力反对的结论：韩国队很可能爆冷门战胜意大利队。蒋超决定再赌一把。他收购了赛场所在地大田市场所有商场的"大力神杯"仿制品，同时，自己雇用工人连夜赶制他的得意之作——塑料泡沫"大力神杯"。

当比赛进行到最后一分钟，韩国队奇迹般地打进扳平的一球时，全场观众山呼海啸般地喊起了"1966 again"，他们疯狂地挥舞着"大力神杯"和"韩国国旗"，连在现场观战的韩国总统金大中，也忘情地挥舞着一只仿制的"大力神杯"。让蒋超倍感骄傲的是，这只"金杯"正是金大中总统的侍从赛前临时以 12 万韩元的价钱，从他的手中购得的！

　　在韩国队与德国队进行半决赛时，蒋超又别出心裁地卖起了希丁克的塑像。赛场外，希丁克塑像遭到哄抢，最高卖到8万韩元一只。最让蒋超吃惊的是，三四名决赛后，现场大屏幕上韩国总统金大中手中居然又拿着一件他的作品——希丁克石膏塑像！

　　2002年6月底，蒋超和女友回到湖南，带回来的竟然是1亿多韩元，折合成人民币有100余万元。看球看成了百万富翁，真是令人惊叹不已！

　　蒋超在接受记者采访时感叹："其实世界杯为所有的人都提供了商业契机，只是我们中间的绝大多数人不敢去想、不敢去做而已！"

　　许多人都认为，能否获得机会，主要是看运气的好坏。固然，运气的基本要素是偶然性，但它对于任何人都是一视同仁的。也就是说，所有的人"交好运"的可能性一样多，在机会面前人人平等。关键在于有的人把握了，有的人没有把握。如果说好运和机会有什么偏爱的话，那就是爱因斯坦所说的，它只偏爱有准备的头脑。

　　争当第一个吃螃蟹的人，就是要敢于去尝试创新，敢于利用自己的特点，找出适合自己或企业发展的路；而且还要敢为天下先，永争第一。相反，如果不敢自己尝试创新，等看到别人成功后才步人后尘，企图分一杯羹，许多情况下只会有别人捡了西瓜我捡芝麻的结局。

Chapter 6　一辈子，总要冒险搏一次

敢于拼搏，实现人生的最大价值

昨天晚上，机会来敲你的房门，当你赶忙关上报警器，打开保险锁，拉开防盗门的时候，它已经走了。你如此前怕狼、后怕虎，没有一丁点儿的冒险精神，那么你的生活轨迹，就只能像蜗牛一样慢慢地爬着。

太保守、太胆小的人是做不了大事的，必要时要敢于冒一点险，因为冒险是对机遇的一种探索，也是对成功的一种尝试。因此，如果你想成就一番大事，就要在不违背社会公德与法律的前提下，去冒最大的险。

1866年，汽车诞生了，为适应时代发展的需要，满足客户的要求，劳埃德在1909年冒着未知的风险率先承接了这一形式的保险，在还没有"汽车"这一名词的情况下，劳埃德将这一保险项目暂时命名为"陆地航行的船"。

劳埃德公司还首创了太空技术领域保险，不过这项保险的风险更大。例如，由美国航天飞机施放的两颗通信卫星，1984年曾因脱离轨道而失控，其物主在劳埃德保了1.8亿美元的险。劳埃德眼看要赔偿一笔巨款，他灵机一动就出资550万美元，委托美国"发现号"航天飞机的宇航员，在1984年11月中旬回收了那两颗卫星。经过修理之后，这两颗卫星已在1985年8月被再次送入太

空。这样，劳埃德不仅少赔了 7000 万美元，而且向它的投资者说明：从长远看，卫星保险还是有利可图的。

目前，英国的"劳埃德"保险公司已成为世界保险行业中名气最大、信誉最隆、资金最雄厚、历史最久、赚钱最多的保险公司，它每年承担的保险金额为 2670 亿美元，保险费收入达 60 亿美元。

"敢冒最大的风险，去赚最多的钱。"一直是劳埃德的宗旨，它最大的自豪就是它的冒险精神，这就是能敏捷地认识并接受新鲜事物。现任劳埃德公司总经理说，劳埃德的传统就是要在市场上争取最新保险形式的第一名。

风险与成功常常是成正比的，敢冒最大风险的人，在人生战场上才能赚到更多的钱，在事业上才能取得更大的成功，实现自己人生的最大价值。

冒险而不鲁莽

敢于冒险和善于冒险是成功者的本色，但冒险并不是孤注一掷，如果两者混为一谈，冒险就会成为鲁莽。莽撞之人敢于轻率地冒险，不是因为他勇敢，而是因为他看不到危险，结果失去了所有的东西，包括东山再起的资本和信心。成功离不了冒险，但更要注重化险为夷、稳中制胜。冒险而又能控制风险，成功的机会就会大一些。

翻开索罗斯征战金融界的记录，一般人都会被他出手的霸气吓倒。很多人误以为只是命运之神特别眷顾索罗斯，认为他只是赌赢罢了，赌输了还不是穷光蛋一个？

其实索罗斯有自己的原则：冒险而不忽略风险，豪赌而不倾囊下注。他在冒险之前，是评估过风险，下过功夫研究的。他的冒险并不是不顾安全，赌资虽大但不是他的全部家当。他虽然时常豪赌，但也会先以资金小试一下市场，绝不会财大气粗到处拿巨资作战。

冒险家的成功，除了极少的幸运因素之外，大多是他们谋算出了风险的系数有多大，做好了应对风险的准备，从而增加了胜算的概率。正所谓大胆行动的背后必有深谋远虑，必有细心的筹划与安排。

冒险不同于赌博，我们做事，不但要知道什么时候是最佳时机，更要对风险有超前的预见力与决断力。世上没有十全十美、只赢不输的正确方案，有的只是成功的信心和冒险的准备。

冒险需要理智。冒险不是冒进，无知的冒进只会使事情变得更糟，你的行为将变得毫无意义，并且惹人耻笑。当你想去冒险干一件大事时，一定要先进行科学论证，千万不要去充当冒冒失失的莽汉。

谨慎的人在做事之前，往往先深思熟虑，深入实地去发现可能的危险与不测。做事可能因为谨慎而免于危险，幸运之神时常也会在这种情况下加以帮助。

成功者常会做出一些让人们目瞪口呆的勇敢行动，其实，他们早已谋算出了风险的系数有多大，做好了应付风险的准备，从而增加了胜算的概率。正所谓，大胆行动的背后必有深谋远虑，必有细心的筹划与安排。冒险既要胆大又要心细，做到心细，胆量才能发挥积极作用。

Chapter 7

给自己一份礼物：机会

我们多数人的毛病是，当机会朝我们冲奔而来时，我们兀自闭着眼睛，很少人能够去追寻它，甚至在绊倒时，还不能见着它。而一个明智的人总是抓住机遇，把它变成美好的未来。

机会随时都有，但有实力的人才能得到

让别人重视你的最好做法，就是用真本领武装自己。想得到别人的肯定，要靠自己的实力去实现。

阿迪斯的学习成绩挺好，毕业后却屡次碰壁，一直找不到理想的工作，他为此而伤心绝望。

怀着极度的痛苦，阿迪斯来到大海边，打算就此结束自己的生命。

正当他即将被海水淹没的时候，一位老人救起了他。老人问他为什么要走绝路。

阿迪斯说："我得不到别人和社会的承认，没有人重视我，所以觉得人生没有意义。"

老人从脚下的沙滩上捡起一粒沙子，让阿迪斯看了看，随手扔在了地上。然后对他说："请你把我刚才扔在地上的那粒沙子捡起来。"

"这根本不可能！"阿迪斯低头看了一下说。

老人没有说话，从自己的口袋里掏出一颗晶莹剔透的珍珠，随手扔在了沙滩上，然后对阿迪斯说："你能把这颗珍珠捡起

来吗？"

"当然能！"

"那你就应该明白自己的境遇了吧？你要认识到，现在你自己还不是一颗珍珠，所以你不能苛求别人立即承认你。如果要别人承认，那你就要想办法使自己变成一颗珍珠才行。"阿迪斯低头沉思，半晌无语。

只有珍珠才能自然且轻松地把自己和普通石头区别开来。你要得到重视，要出人头地，必须要有出类拔萃的资本才行，这样才算找准了让别人重视自己的关键。

许振超曾是青岛港一名普通的桥吊司机，他凭借苦学、苦练、苦钻研，练就了一身绝活儿，成为港口里响当当的技术"大拿"，进而成为闻名全国的英雄人物。

许振超独创的"无声响操作"，可以达到偌大的集装箱放入铁做的船上或车中，做到铁碰铁不出响声，这是许振超的一门绝活儿。他所以创造了这种操作方法，是因为它可以最大程度地降低集装箱、船舶的磨损，尤其是降低桥吊吊具的故障率，提高工作效率。实践证明，它是最科学也是最合理的。

有一年，青岛港老港区承运了一批经青岛港卸船，由新疆阿拉山口出境的化工剧毒危险品，这个货种特别怕碰撞，稍有碰撞就有可能引发恶性事故。当时，铁道部有关领导和船东、货主都赶到了码头。为确保安全，码头、铁路专线都派了武警和消防员。泰然自若的许振超和他的队友们，在关键时刻把绝活儿亮出来了，只用了一个半小时，40个集装箱被悄然无声地从船上卸下，又一声不响地装上火车。面对这轻松如"行云流水"般的作业,紧张了许久的船主、货主们迸发出了欢呼。

许振超是位创新的探索者,他的认识很朴素:我当不了科学家,但可以有一身的绝活儿。这些绝活儿可以使我成为一名能工巧匠,这是时代和港口所需要的。就是凭借着这样的一种信念,许振超的"技术口袋"里的绝活儿愈来愈多了。

在企业改制过程中,不少人下岗,其中不乏中专、大专学历者,而许振超以一个初中的学历,硬是靠关键时刻能打硬仗的绝活儿成为一个大型企业的员工楷模。

所以,要想赢得难得的机会,就必须勤学苦练,培养自己的才能,壮大自己的实力。只有这样才能获得他人的重视和肯定,获得机会的垂青。

如果没有准备,就别抱怨别人不给机会

没有做任何准备的人,得不到任何的机会,迎接他们的总是困难和坎坷。而那些一直在做准备的人,他们能够注意到每一个机会,并充分加以利用。

2012年夏,郑雯和韩宁大专毕业。她们制作了精美的简历,开始了自己艰难的求职旅程,起初郑雯和韩宁一样,买了大沓的

信封邮票，一次次地到邮局寄求职信，然而她们等来的是一次次的失败。终于郑雯坐不住了，她决定改变战术，主动出击，首先她到网络上下载了许多关于求职之道的资料，细心解读后，先理了一个老少皆宜的发型，然后又买了一套职业装，还买回了大包的口香糖。再买信封，也是挑那种印刷精美、质地优良的，开始了新一轮的投送。

回音又不断传来，郑雯又像赶场似的去面试。然而结局还是跟没理发、没嚼口香糖之前一样。

屡战屡败的郑雯，翻着手头所剩无几的面试通知书，心中好不凄凉。其中有一张通知是一家化妆品公司寄来的，这无意间提醒了她，家里的洗涤用品该买了。

在商场里，郑雯看到了那家公司的产品，不知来了灵感还是怎么回事，郑雯似乎突然明白该怎么做了。

她在商场泡了一整天，观察有多少顾客光顾化妆品柜台，有多少人买了这家公司的产品。她小心翼翼地赔着笑脸，向售货员小姐询问有关化妆品的事情，得到了不少"情报"。

两天后的面试，郑雯又是嚼着口香糖去的，但这次她的口里吐出不少关于化妆品市场的分析。

主持面试的那家公司的副总，是特地从外地赶来的，听完了郑雯的讲述，率直地说："郑小姐，对不起！您刚才讲的有很多错……"

"哦！请您，请您再给我一次机会。"郑雯带着期望的眼神看着面前的副总。

"郑小姐，听我把话说完，尽管你讲的很多情况是错的，但你是所有应聘者中唯一肯花时间到商店去看我们产品的人。我看你是一个有心的女孩，这样吧，你明天来上班吧！"

一切是这么的艰难，艰难是因为自己以前没有准备；一切又是这么的简单，简单是因为自己现在有了准备的头脑；一切是这么的偶然，一切又是这么的必然。就这样，郑雯上班了。几年后，她凭借自己有准备的头脑，把握住了一次次的机会，终于坐上了营销总监的宝座。而韩宁则因为没有找到合适的工作回老家结婚去了。

机会只给有准备的人，而我们往往因为害怕失败而不敢尝试，因为害怕被拒绝而不敢跟他人接触，因为害怕被嘲笑而不敢跟他人沟通情感，因为害怕失落的痛苦而不敢对别人付出承诺。

能否把握机会，是决定人生能否成功、是否如意的关键；用一种积极进取的态度对待生活，我们的人生就会得到提升。机会不等人，千万不要让它从你指缝中溜走，否则你就会一事无成。

生活的每一个细节中，都可能隐藏着机遇

人们常说机会难寻，但是当身边的人不经意间抓住机会获得成功之后，有些人就会懊悔说："当初我也听到这个信息了，但是我怎么就没想到这是个机遇呢？"其实机遇就是隐藏在各种各样庞

杂的信息之中，只有真正善于倾听、嗅觉敏锐的人才能够抓住机遇并给予合理利用。

金娜娇是京都龙衣凤裙集团公司总经理，这个集团下辖9个实力雄厚的企业，总资产已超过亿元。她之前是一名曾经遁入空门、卧于青灯古佛之旁、皈依释家的尼姑，而今涉足商界，成就了一段传奇人生。也许正是这种独特的经历，才使她能从中国传统古典中寻找到契机；又是她那种"打破沙锅"、孜孜追求的精神才使她抓住了一次又一次的人生机遇。

1991年9月，金娜娇代表新街服装集团公司在上海举行了隆重的新闻发布会，其实这本是一个再平常不过的商业活动，但是她在返往南昌的回程列车上，却有了意外的收获。

在和同车厢乘客的闲聊中，金娜娇无意间得知了这样一条信息：清朝末年一位员外的夫人有一身衣裙，分别用白色和天蓝色真丝缝制，白色上衣绣了100条大小不同、形态各异的金龙，长裙上绣了100只色彩绚烂、展翅欲飞的凤凰，被称为"龙衣凤裙"。金娜娇听后欣喜若狂，一打听，得知员外夫人依然健在，那套龙衣凤裙仍珍藏在身边。到处打听并虚心求教后，金娜娇终于得到了员外夫人的详细地址。

对一般人而言，这个意外的消息顶多不过是茶余饭后的谈资罢了，可是金娜娇注意到了其中的机遇。

金娜娇得到这条信息后马上改变返程的主意，马不停蹄地找到那位近百岁的员外夫人。作为时装专家，当金娜娇看到那套色泽艳丽、精工绣制的龙衣凤裙时，也惊呆了。她敏锐地感觉到这种款式的服装大有潜力可挖。

于是，金娜娇来了个"海底捞月"，毫不犹豫地以 5 万元的高价买下这套稀世罕见的衣裙。机会抓到了一半，把机遇变为现实的关键在于开发出新式服装。

一到厂里，她立即选取上等丝绸面料，聘请苏绣、湘绣工人，在那套龙衣凤裙的款式上融进现代时装的风韵，功夫不负有心人，历时一年，设计试制成了当代的"龙衣凤裙"。

在广交会的时装展览会上，"龙衣凤裙"一炮打响，国内外客商潮水般涌来订货，订货额高达 1 亿元。

就这样，金娜娇从"海底"捞起一轮"月亮"，她成功了！从中国古典服装开发出现代新型服装，最终把一个"道听途说"的消息变成了一个广阔的市场。

机遇并不总是穿着华彩的衣服，也并不是一个善于外露者，很多时候，机遇就藏在一些小事里，能不能抓住机遇，就看你会不会倾听。其实倾听比滔滔不绝地诉说更为重要，因为别人的信息中可能会传递出有用的信息。不妨多听听你的周围，多关注一下别人的心声，从他人身上汲取更多的东西，久而久之，你就会发现别人的话语是机遇的储存库。

Chapter 7　给自己一份礼物：机会

即便只有1%的机会，你也必须试一试

　　机会只偏爱有准备的头脑。这里的准备包括知识的准备和勇气的准备，从某种意义来说后者更为重要。因为知识和才能就一般人来说并无太大的差别，你毕竟不是天下第一的天才，而不过是一个芸芸众生中的平凡人，因而，才能往往要在工作中，要在长期的实践中才能体现出来，而勇气则是你寻求机遇时必不可少的，就是你才能发挥作用的舞台，甚至是你的才能本身。强不强，首先就看你有没有勇气了。下面这个女孩的经历很有说服力和代表性。

　　我现在从事的这个各方面都不错的工作，细细想来，本应是属于另外一个女孩的。

　　那年，我在连续几次高考落榜的情况下，只好进了一所民办女子中学教书。教学之余，我一直不停地苦苦寻觅，希望能找到一个更适合自己的去处。

　　然而，由于我刚刚从闭塞的乡村，独自闯进小城，没有亲友，没有"关系"；而报纸上众多的招聘广告，每每也令我这个职业高中毕业生望而却步。当时，同我一起在那所民办女子中学共事的还有一位女孩，是某名牌大学中文系毕业生。她由于在机关工作得不太顺心，一气之下走了出来，之后又没有合适的去处，后悔的不行，只好屈就做一名临时教书匠。

一次，劳动局人才交流中心的两位工作人员来找她，要她交纳档案代管费（她的个人档案由交流中心代管）。闲谈之间，其中一位向她提到，有一家大公司需要一名办公室主任，让她去试试。但是她却说："没有熟人，这怎么能成呢？"之后，这个话题他们就一带而过了。

而我当时就在苦苦寻觅各种可能的机会，听了他们这番话之后，心里不禁一动："我何不去试试？"

下班之后，我问几个要好的朋友："你们说，这件事到底有没有希望？"

"这事即便有希望，那也只有1%的希望，甚至1‰的希望。"

"1%的希望就等于没有希望。"

我呢，我一个晚上没有说话，朋友们的话不断地在心中烦恼着我。

而一个人对于明知没有希望的事，是很难提起劲儿去做的。

可是，真的没有希望吗？真的连一点儿希望都没有吗？！

第二天，我起得很早，天还没亮。人才交流中心那位同志的话，不经意间又响起在我耳边……我忽然觉得自己应该去试试，只当一次演习好了。何况，我心里也觉得希望就是希望，无所谓1%、1‰。

主意已定，我马上找出各种可以证明我能力的东西：发表在报刊上的文章、获奖证书、报社的优秀通讯员证书等。我决定无论成与不成，都应该去试试。

现在，我知道该怎么去做了。我所能够努力的、能够发挥的，是这件事的过程，没有"过程"而去谈"结果"，这无疑是空谈。我很详细地排好了这个"过程"的许多细节：先给公司的总经理写了一封自荐信；两天后，在他收到信的时候，我又打去了电话……

终于，我与公司总经理见面了。他不但亲自接待了我，而且还很详细地看了我带去的资料，问了我的情况，他还说："像你这样自己上门来自荐担任这样重要职位的，没有规定的学历和资历，而且又是个农村青年，这在我们这个小城是不多见的。"

停了一会儿，他又说："我还得与公司其他领导成员商量一下，不过现在基本是可以定下来的，我看你下周一就来上班吧。"

这是真的？这是真的？！

这当然是真的！

一个本来属于别人的机会，别人不经意地放弃了，而这个女孩却如获至宝地紧握在手中，并努力地将它实现，这是她人生的一大收获，其意义已远远地超出了事件的本身。相信在她以后的人生中，每每遇到艰难曲折时，它都会化成一股神奇的力量，支撑着她一步一步地去实现自己的目标。

成功不是等待恩赐，而是主动创造机会

很多人都相信：机会可遇而不可求，所以很多人就把他们宝贵的时间用在等候机会上，其实，如果你有过人的勇气、睿智的头脑、勤劳的双手，那么你也可以创造机会。

有这样一个故事：

一个年轻人靠在一块草地上，懒洋洋地晒着太阳。

这时，从远处走来一个奇怪的东西，它周身发着五颜六色的光，六条腿像船桨一样向前划着，使它的行走十分快捷。

"喂！你在做什么？"那怪物问。

"我在这儿等待机会。"年轻人回答。

"等待机会？哈哈！机会什么样，你知道吗？"怪物问。

"不知道。不过，听说机会是个很神奇的东西，它只要来到你身边，那么，你就会走运，或者当上了官，或者发了财，或者娶个漂亮老婆，或者……反正，美极了。"

"你连机会什么样都不知道，还等什么机会？还是跟着我走吧，让我带着你去做几件对你有益的事吧！"那怪物说着就要来拉他。

"去去去！少来添乱，我才不跟你走呢！"年轻人不耐烦地撵那怪物。

那怪物只好一个人离去了。

这时，一位长髯老人来到年轻人面前问道："你为什么不抓住它啊？"

"抓住它？它是什么东西？"年轻人问。

"它就是机会呀！"

"天啊！我把它放走了。不，是我把它撵走了！"年轻人后悔不迭，急忙站起身呼喊机会，希望它能返回来。

"别喊了，"长髯老人说，"我告诉你关于机会的秘密吧。它是一个不可捉摸的家伙。你专心等它时，它可能迟迟不来，你不留心时，它可能就来到你面前；见不着它时，你时时想它，见到了它时，你又认不出它；如果当它从你面前走过时你抓不住它，那么它将永不回头，使你永远错过了它！"

"我这一辈子不就失去机会了吗？"年轻人哭着说。

"那也未必，"长髯老人说，"让我再告诉你另一个关于机会的秘密，其实，属于你的机会不止一个。"

"不止一个？"年轻人惊奇地问。

"对。这一个失去了，下一个还可能出现。不过，这些机会，很多不是自然走来的，而是人创造的。"

年轻人甚是不解。

"刚才的一个机会，就是我为你创造的一个，可惜你把它放跑了。"老人说。

"那么，请您再为我创造一些机会吧！"年轻人说。

"不。以后的机会，只有靠你自己创造了。"

"可惜，我不会创造机会呀。"

"现在，我教你。首先，站起来，永远不要等。然后，放开大步朝前走，见到你能够做的有益的事，就去做。那时，你就学会了创造机会。"

人不仅要能把握机会，还要能千方百计地创造机会。善于把握机会，利用机会完成创造是聪明的人，而在这种聪明的基础上创造机会，让机会为我所用则是更加了不起的人。

在1981年的时候，英国王子查尔斯和黛安娜要在伦敦举行耗资10亿英镑、轰动全世界的婚礼。

消息传开，伦敦城内及英国各地很多工商企业都绞尽脑汁想借此千载难逢的良机大发一笔。有的在糖盒上印上王子和王妃的照片，有的把各式服装染印上王子和王妃结婚时的图案。但在诸多的经营者中，谁也没有一位经营望远镜的老板想法奇妙。

这位老板想，人们最需要的东西就是最赚钱的东西，一定要找出在那一天人们最需要的东西。

盛典之时，要有百万以上的人观看，将有一多半人由于距离远而无法一睹王妃的尊容和典礼盛况。这些人在那时最需要的不是购买一枚纪念章、买一盒印有王子和王妃照片的糖，而是一副能使他看清婚礼盛典的望远镜。

到了盛典那一天，正当成千上万的人由于距离太远看不清王妃的尊容和典礼盛况而急得毫无办法的时候，老板雇用的卖望远镜的人出现在人群中。他们高声喊道："卖望远镜了，一英镑一个！请用一英镑看婚礼盛典！"顷刻间，几十万副望远镜被抢购一空。不用说，这位老板发了笔大财！

在人生道路上，机会有时不请自来，有时却偏要你自己去求取，用心去创造。在这个事例中，英国众多的工商企业都在利用王子的婚礼做文章，但他们只懂得抓住机会却不懂得创造机会。而经营望远镜的老板却创造出了难得的机会，说到底还是那位老板比别人研究得更细一层，所以说创造机会，眼力和勇气是不可缺少的。

机会绝非上苍的恩赐，优秀的人不会坐等机会的到来，而是主动创造机会；一个成功人士，绝不是一个逍遥自在、没有任何压力的观光客，而是一个积极投入的参与者，善于创造机会，并张开双臂拥抱机会的人，是最有希望与成功为伍的。

在别人忽略的地方，寻找属于你的机会

一个渴望成功的人，应当具有一种见别人之未见、行别人之未行的精神，成功离不开别具一格的创意，离不开独辟蹊径的能力，思路独特，你才能早日成功，如果只懂得随大流做事，那你注定要落在人后。

法国著名化妆品制造商伊夫·洛列靠经营花卉发家，从1960年开始生产化妆品，到如今他在全世界的分店已逾千家，他的产品在世界各地深受人们的喜爱。

伊夫·洛列原先对花卉抱有极大的兴趣，经营着一家自己的花卉店，一个偶然的机会，他从一位医生那里得到了一种专治痔疮的特效药膏秘方。

他对这个秘方产生了浓厚的兴趣。他想：能不能使花卉的香味入一种药膏，使之成为芬芳扑鼻的香脂呢。说干就干，凭着浓厚的兴趣和对于花卉的充分了解，不久之后，伊夫·洛列果然研制成了一个香味独特的植物香脂。他十分兴奋，于是便带上他的产品去挨家挨户地推销，取得了意想不到的结果，几百瓶试制品不大工夫就卖得一干二净。

由此，伊夫·洛列想到了利用花卉和植物来制造化妆品。他认为，利用花卉原有的香味来制造化妆品，能给人以自然清新的感觉，而且原材料来源广泛，所能变换的香型种类也非常多，前途一定会大好。

他开始去游说化妆品制造商实施他的计划。但在当时，人们对于利用植物来制造化妆品是抱否定态度的。几乎每个制造商都没有听完伊夫·洛列的建议便摇摇头、挥挥手，对他下了逐客令。

但是伊夫·洛列坚信自己的新颖想法没错。于是，他自己向银行贷款，建起了自己的工厂。

1960年，洛列的第一批花卉美容霜研制出来了，便开始小批量生产。结果在市面上引起了轰动。在极短的时间内，就顺利卖出了70多万瓶美容霜，这对于洛列来说，不啻是个巨大的鼓舞。

伊夫·洛列利用花卉来制造化妆品，可以说是一次大胆的尝试，那么，他利用邮购的方式来推销产品，更可以说是一种创举了。

伊夫·洛列开创了自己的公司之后，曾在报刊上刊登过广告，不过效果不太好，金钱花费较大，而反应也并不强烈。有一天，他突然有了一个想法，在广告上附上邮购优惠单，一定会引起许多人的注意。

于是，他在《这儿是巴黎》杂志上刊登了一则广告，上面附载了邮购优惠单。《这儿是巴黎》是一份发行量较大的杂志，结果其中40%以上的邮购优惠单给寄了回来，伊夫·洛列成功了。一时间，他这种独特的邮购方式使他的化妆产品源源不断地卖了出去。

1969年，伊夫·洛列扩建了他的工厂，并且在巴黎的奥斯曼大街设了一个专卖店，开始大量地生产和销售化妆品了。

伊夫·洛列另辟蹊径，打破常规，积极创新，利用花卉来制造美容霜，而且采取当时闻所未闻的邮购方式，从而使自己的事业取得了不同凡响的成绩。

做任何事情绝不能只在一棵树上吊死，因循守旧、墨守成规只会导致事业的失败。如果只是踩着前人制定好了的路线，跟在别人背后慢慢地前行，是绝不可能闯出一片属于自己的天地的。

生活中，有的人有主见、有个性，思路新颖，绝不盲从别人，这种人往往比较容易获得成功，独到的眼光、见解，就是他们成功的秘诀。不墨守成规，有独特的思路，这不仅是做事成功的保证，也是我们为人处世不可缺少的精神。

敢于在关键时刻露一手

有的人没有得到提拔，并不是因为没有本领或者得不到机会的眷恋，而是因为在关键时刻不敢去露一手。他们没有胆量，自信心不足，或者认为是分外之事而不去插手，结果是坐失良机，白白浪费了自己的才华和表现自己的机会。

安德烈·卡耐基是美国宾夕法尼亚州一座停车场的电信技工。当时他的技术已经相当好了，但他并没有引起上层决策者的注意，因而也没有被提升的机会。

一天早上，停车场的线路因为偶发的事故，陷于混乱。此时，他的上司还没上班，该怎么办？他并没有"当列车的通行受到阻碍时，应立即处理引起的混乱"这种权力。如果他胆大包天地发出命令，轻则可能卷铺盖走人，重则可能锒铛入狱。

一般人可能说："这并不关我的事，何必自惹麻烦？"可是卡耐基并不是平平之才，他并未畏缩旁观！

他私自下了一道命令，在文件上签了上司的名字。

当上司来到办公室时，线路已经整理得同从来没有发生过事故一般。这个见机行事的青年，因为露了漂亮的这一手，大受上司的称赞。

公司总裁听了报告，立即调他到总公司，升他数级，并委以重任。从此以后，他就扶摇直上，谁也挡不住了。

卡耐基事后回忆说：

"初进公司的青年职员，能够跟决策阶层的大人物有私人的接触，成功的战争就算是打胜了一半——当你做出分外的事，而且战果辉煌，不被破格提拔，那才是怪事！"

有这样的情形，主持会议的领导是一个铁腕人物，大家因崇拜而磨灭了自己的见识，于是会议顺利进行。

"智者千虑，必有一失；愚者千虑，必有一得。"当你发现决议有问题，若按此办将来可能出大娄子时，就应该鼓足勇气提出来。要知道，你可能穷尽毕生努力，也不会得到别人的赏识，而冒险抓住这一机会，就可能把你的能力和价值展现给同事和领导，特别是意见未采纳，人们更会在后来的失败中忆起你的表现，赞叹你的英明。

请务必谨记，看准了就说，千万不要太顾忌面子。如果在这时你还想"我说出来大家会难堪的"，那么说明你是一个注定不能脱颖而出的人。

平时多做一点，你的机会才多一点

率先主动是一种极为珍贵、备受看重的素养，它能使人变得更加敏捷、更加积极。无论你是管理者，还是普通职员；是亿万富豪，还是平头百姓，每天多做一点，你的机会就会更多一点。

每天多做一点，也许会占用你的时间，但是，你的行为会使你赢得良好的声誉，并增加他人对你的需要。

对沃西来说，一生影响最深远的一次职务提升，就是由一件小事情引起的。

一个星期六的下午，有位律师走进来问他，哪儿能找到一位速记员来帮忙——手头有些工作必须当天完成。

沃西告诉他，公司所有速记员都去观看球赛了，如果晚来5分钟，自己也会走。但沃西同时表示自己愿意留下来帮助他，因为"球赛随时都可以看，但是工作必须在当天完成"。

做完工作后，律师问沃西应该付他多少钱。沃西开玩笑地回答："哦，既然是你的工作，大约800美元吧。如果是别人的工作，我是不会收取任何费用的。"律师笑了笑，向沃西表示谢意。

沃西的回答不过是一个玩笑，并没有真正想得到800美元。但出乎沃西意料，那位律师竟然真的这样做了。6个月之后，在沃西已将此事忘到了九霄云外的时候，律师却找到了他，交给他800美元,并且邀请沃西到自己公司工作,薪水比现在高出 800 多美元。

一个周六的下午,沃西放弃了自己喜欢的球赛,多做了一点事情,最初的动机不过是助人为乐,完全没有金钱上的考虑。但却为自己增加了 800 美元的现金收入,而且为自己带来一项比以前更重要、收入更高的职务。

每天多做一点,初衷也许并非为了获得报酬,但往往获得的更多。

付出多少,得到多少,这是一个众所周知的因果法则。也许你的投入无法立刻得到相应的回报,也不要气馁,应该一如既往地多付出一点。回报可能会在不经意间,以出人意料的方式出现。最常见的回报是晋升和加薪。除了老板以外,回报也可能来自他人,以一种间接的方式来实现。

做一点分外工作其实也是一个学习的机会,多学会一种技能,多熟悉一种业务,对你是有利无害的。同时,这样做又能引起别人对你的关注,何乐而不为呢?

允许自己有一个重新选择的机会

我们一开始所进入的行业、所从事的工作往往是一种被动的选择,但是有多少人一方面感叹"我不喜欢这个工作","再这样下去我的专业都荒废了",另一方面却在"待遇不错"、"工作还算轻

- 155 -

松"、"某领导对我很器重"的自我麻醉下沉寂下来，于是你沿着一个内心深处并不希望的方向固执而又心安理得地走下去。若干年后你一时警醒会不自禁地说：要是我当初果断地跳出来重新选择多好。

杰克和托蒂正是"当初"就做出了正确的选择。

"刮别人胡子之前，先刮自己的"，这正是几年前，杰克拍过的广告的广告词，杰克也因此踏进了演艺圈，很多人上门找他拍戏，一时间，演艺前途颇被看好。不过，杰克并没有久留，前后大约只维持了两年光景，就毅然结束了演艺生涯。

杰克发现，演艺事业并不适合自己，一心想找出未来的方向。

杰克常常是在天黑之后，一个人跑到海边钓鱼、发呆。有一天，他独坐海边，远远地望着对岸市区内的灯火，心里突然有个声音出现："我这是在干什么，难道一辈子老死在这里，无所事事，不如去开餐厅吧！"

杰克立即在脑海中搜索，从小到大自己最喜欢的事是什么。"吃"是杰克认为最有意义的事，他一向是家里的烹调高手，没事可以一整天待在厨房里"研发"，"我为什么不好好发挥自己的这项专长呢？"

杰克紧锣密鼓地展开他的创业大计。一面找人筹集资金，一面到大学选读会计、行销的课程。不久，他的概念式泰国餐厅开张了，杰克负责的职务从洗碗、配菜、打杂到掌厨，几乎全套包办，一旦忙起来，每天工作十几个小时，下班回家还抱着食谱继续研究，非搞到深夜不罢休。

看他这么投入，朋友忍不住问他："你干吗做得这么辛苦？"杰克回答："因为我找到了最爱。"在他来看，做菜不仅是一门艺术，也等于是在实验室里做实验，只要放入各种元素，就能产生千变万化的结果，乐趣实在太大了！他说："我已经打算把'吃'当成一辈子的事业。"

就像许多刚走出校门的年轻人一样，杰克也曾经彷徨、摸索过。然而，当他决定从自己的"最爱"出发，他很庆幸自己在30岁以前，终于找到了方向。

工作与生涯之间的最大区分是：工作只是你每天在做的事情，而生涯却事关你一辈子的生活方式。假使你不喜欢一份工作，只是为了"钱"而不得不与之为伍，一过就是10年、20年，当有一天猛然发觉，自己的人生竟然如此贫乏，耗尽半生光阴却没有做过一件令自己快乐的事，那的确很遗憾。

如果你选择自己喜欢的事去做，即使赚钱不多，却乐此不疲，结果你反而会发现，由于坚持所爱，不仅让你彻底发挥才能，甚至终能闯出一番不凡的天地。

做选择的确很难，因为不会有人告诉你好坏、对错如何选择。唯一的衡量标准就是，一旦干起来感觉兴趣盎然，那就对了！不要迟疑，赶紧去找一份让你充满干劲的事来做，而且你愿意为了这件事每天迫不及待地全力投入，那么，距离美梦成真就为期不远了！

人生本来就需要做选择，但是一定要做"对"的选择，秘诀就是"择你所爱，爱你所择"。如果一辈子不能做自己喜欢的事，岂不白活一场？

托蒂是两家规模不算太小的企业的董事长，可他却放着老板不当，半路出家演起舞台剧。

舞台上的托蒂，是个十足的耍宝大王，非常放得开。据说，他曾经有过"让观众从椅子上笑得摔下来"的记录。

起初，托蒂只是基于好玩，应邀在太太参与的妇女社团中"牺牲色相"，男扮女装出演蝴蝶夫人、老岳母等角色。有一回，他在台上表演，台下坐的来宾中正好有一位著名导演，托蒂的表演才华就这样被"发掘"出来。

托蒂第一部正式的处女作，是参与表演"厨房闹剧"，他在剧中饰演一个银行家，角色颇具喜剧感。托蒂兴致勃勃地招待一些企业界的朋友前去观赏，有人对他初试啼声的演技大加赞赏，有的朋友却认为他是在作践自己。

托蒂不介意别人怎样看他。他说，自己的玩心很重，"经营事业"和"演戏"这两件事，前者对他是副业，后者才是正业，他不讳言，演戏反而让他得到更多的成就感。

不像很多企业家一心只想追求利润，扩充事业规模，托蒂自称是个没有什么企图心的人，"我只想让自己快乐。"他观察，企业界老板不乏把事业摆在第一的工作狂，但他认为，即使自己每天拼了命工作十几个小时，业绩成长充其量不过5%、10%而已，个人生活却彻底被牺牲了。

杰克和托蒂都得到了自己想得到的东西。他们两人的事业都有一个在别人眼中前途无量的开始，如果他们陶醉在这"前途无量"的机会里执着地走下去，最终只能造就一个三流演员和一个焦头烂额的小老板。

Chapter 8

正是危机，给了人生转机

　　危机，对于胆大的人来说，是隐藏在危机后的机会，而对胆小的人来说，则眼睛只会看到危险，白白浪费和错过机遇。危机是对我们的考验，经得起考验的人，最后往往都能成功。

只有你能决定自己的厄运持续多久

痛苦就像一把刀，握住刀柄，它是可以为我们服务的，而拿住刀刃，就会割破手。

在苦闷的时候，不要自以为一切都完了，殊不知，一切还都刚开始呢。很多时候，厄运甚至就是一种幸运，就是一种难得的契机，因为它将你推到了不得不选择去走另一条路的境地，而当你一旦踏上了这一条新路，成功可能就在向你招手了。

麦吉是耶鲁大学戏剧学院毕业的美男子，23岁时因车祸失去了左腿。之后，他依靠一条腿精彩地生活，成为全世界跑得最快的独腿长跑运动员；30岁时，厄运又至，他遭遇生命中第二次车祸，从医院出来时，他已经彻底绝望——一个四肢瘫痪的男人还有什么用处呢？

麦吉开始吸毒，自暴自弃，可是这不能拯救他。一个寂静的夜晚，痛苦的麦吉坐着轮椅来到阿里道，望着眼前宽阔的公路，忽然想起自己曾在这里跑过马拉松。前路还远，生命还长，他就这样把自己放逐？顿时，他惊醒过来："四肢瘫痪是无法改变的事实，我只能选择好好活下去！我才33岁，仍然还有希望。"

麦吉坚定意志，开始了他的精彩人生。现在，他正在攻读神学博士学位，并且一直帮助困苦的人解决各种心理问题，以乐观的笑容，给那些逆境中的人们送去温暖和光明。

也许你难以相信，芸芸众生中最大的失败者往往是那些幸运儿——出身富裕、衣食无忧的孩子。优越的生活和对他们百依百顺的父母，使他们形成这样一种意识：世界是为他们造的。稍有事情不顺心，他们就抱怨、仇恨，或者出走，或者犯罪，甚至选择极端的方式——自杀，放弃整个世界。只因为弦出了点问题，有些磨损，拉出的音不是那么和谐，他们便马上认为自己的小提琴坏了。我们不能责怪那些被宠坏的孩子，太优越的一切让他们连动手剥水果皮的能力都丧失了。命运给他们的是一个芬芳四溢的桔子，但是他们连皮都不屑于剥开，于是他们咬到的只是橘子皮，又苦又涩。

奇怪的是，在那些大报小报中，很少见到贫困的孩子因为青春期的叛逆和一些小小的琐事离家出走。这些生来就不太幸运的孩子，知道怎样靠自己争取想要的一切，根本没有时间抱怨和歇斯底里。命运给他们的是一个样子好丑的柠檬，而且里面是酸的。他们乐观地说："我会把它做成柠檬水，在里面加些蜂蜜，真是太好了。"

没有一个人命里注定要过一种失败的生活！也没有一个人命里注定要过一帆风顺的生活！然而，机会是要靠自己去探索、寻求，去把握、选择，去牢牢地抓住。

危机毁不了你，毁掉你的是你自己

没人喜欢危机，但危机无处不在。人在成长过程中难免遇到各种风浪、起伏与挫折，在各种各样内外部因素的交错之下，危机的种子就此发芽、生长。

面对危机，不要怨天怨地，不要试图躲避，即使一不留神你就快要破产；哪怕一不留心家庭破碎了；纵使一不理性悲剧发生了……我们的生活还得继续，人生原本就是这样，要爬过一座座山，迈过一道道坎儿，拐过一道道弯，假如我们的心没有了能量，翻不过山、迈不过坎儿、转不过弯，那么就会陷入危机造就的人生枯井，再也跳不出来。

那是你精神上的枯井，没有人能够帮你。

有一头倔强的驴，有一天，这头驴一不小心掉进一口枯井里，无论如何也爬不上来。他的主人很着急，用尽各种方法去救它，可是都失败了。十多个小时过去了，他的主人束手无策，驴则在井里痛苦地哀号着。最后，主人决定放弃救援。

不过驴主人觉得这口井得填起来，以免日后再有其他动物甚至是人发生类似危险。于是，他请来左邻右舍，让大家帮忙把井中的驴埋了，也正好可以解除驴的痛苦。于是大家开始动手将泥土铲进枯井中。这头驴似乎意识到了接下来要发生的事情,它开始大声悲鸣,不过,很快地,它就平静了下来。驴主人听不到声音,感觉很奇怪,他探头向下看去,井中的景象把他和他的老伙伴都惊呆了——那头驴正将落在它身上的泥土抖落一旁,然后站到泥土上面升高自己。就这样,填坑运动继续进行着,泥土越堆越高,这头驴很快升到了井口,只见它用力一跳,就落到了地面上。

如果你陷入精神的枯井中,就会有各种各样的"泥土"倾倒在你身上,假如你不能将它们抖落并踩在脚底,你将面临被活埋的境地。不要在危机中哀号,如果你还想绝处逢生,就要想方设法让自己从"枯井"中升出来,让那些倒在我们身上的泥土成为成功的垫脚石。

危机,并不意味着绝境,更何况还能"置之死地而后生"。是生是死,一切都决定于我们自己,如果能直面人生的惨淡,敢于正视鲜血的淋漓,追求理想一往无前,所有的一切都不过是一场挫折游戏。

不要习惯性地将自己的不幸归责于外界因素,不管外部的环境如何,怎么活——那还是取决于你自己。不要总是像祥林嫂一样反复地问自己那个无聊的问题:"怎么会,为什么……"这样的自怨自艾就是在给自己的伤口撒盐,它非但帮不了你,反而会让自己觉得命运非常悲惨,那种沉浸在痛苦中的自我怜悯,对你没有任何好处。

人不能陷在危机的枯井中无法自拔,哪怕就只剩一成跳出去的可能，我们也要奋力一跃。或许就那么一跃，我们就可以逃出生天。记住，危机杀不了你，能让你放弃的，只有你的心。

果敢处理危机，你便有了新的转机

总从坏的一面看问题是一种悲观心态，它会抑制你的进取心，让你被忧虑侵蚀。

其实任何事情都有坏的一面和好的一面，如果能从积极的方面看问题，那么就会有一个截然不同的结果，做起事来也就会更加得心应手。

美国的"波音公司"和欧洲的"空中客车公司"曾为争夺日本"全日空"的一笔大生意而打得不可开交，双方都想尽各种办法，力求争取到这笔生意。由于两家公司的飞机在技术指标上不相上下，报价也差不多，"全日空"一时拿不定主意。

可就在这关键时刻，短短两个月的时间里，就发生了3起波音客机的空难事件。一时间，来自四面八方的各种指责向波音公司扑面而来，"波音公司"产品质量的可靠性受到了前所未有的质疑。这对正在与"空中客车"争夺的那笔买卖来说，无疑是一个丧钟般的讯号。许多人都认为，这次"波音公司"肯定要败下阵来了，但"波音公司"的董事长威尔逊却不这样想。他马上采取了补救措施，向公司全体员工发出了动员令，号召公司全体上下一齐行动起来，采取紧急应变措施，力闯难关。

他先是扩大了自己的优惠条件，答应为"全日空航空公司"提供财务和配件供应方面的便利，同时低价提供飞机的保养和机组人员培训；接着，又针对"空中客车"飞机的问题采取对策，在原先准备与日本人合作制造 A-3 型飞机的基础上，提出了愿和他们合作制造较 A-3 型飞机更先进的 767 型机的新建议。空难前，波音原定与日本三菱、川琦和富士三家著名公司合作制造 767 客机的机身。空难后，波音不但加大了给对方的优惠，而且还主动提供了价值 5 亿美元的订单。通过打外围战，波音公司博取到日本企业界的普遍好感。在这一系列努力的基础上，波音公司终于战胜了对手，与"全日空"签订了高达 10 亿美元的成交合同。这样，波音公司不仅渡过了难关，还为自己开拓了日本这个市场，打了一场反败为胜的漂亮仗。

出现危机并不可怕，可怕的是被危机吓得跌倒在地，自暴自弃。危机未必就是坏事，它有时反而会成为一个新的契机。所有的坏事情，只有在我们认定它不好的情况下，才会真正成为不幸的事件。

所以，凡事多往好处想，面对阳光，你就看不到阴影。只要凡事肯向好处想，自然能够转苦为乐、转难为易、转危为安。

置之死地敀后生，投之亡地可后存

斩断自己的后路，让自己陷入绝境中，往往可以创造出奇迹。

其实人们做事时，总是习惯给自己留条后路，进可攻，退可守。这是一种比较谨慎的做法，但这种做法常会导致一个人失去进取心，所以必要的时候，我们应该主动斩断自己的退路，破釜沉舟的人往往能够在危机中绝处逢生。

李先生从20世纪80年代中期起创办了一个内衣厂，正赶上发展的好时候，那几年结结实实赚了不少钱，等到世纪末时，他的内衣厂规模已经非常大了，但利润却逐年下降，几乎到了入不敷出的地步，原因是内衣市场的竞争越来越厉害，而内衣厂生产的内衣已经跟不上时代潮流了。经过几天的反复琢磨，李先生决定破釜沉舟，大干一场。他不顾妻儿的反对，取出了所有的存款，然后召开了全厂职工大会，会上他果断地宣布停止现有内衣样式的生产，请设计人员重新设计新型内衣，全厂职工都可以提出自己的想法，设计被采纳的人，可获重奖，他沉重地说："这是我们最后的机会了，我拿出自己的全部存款搞设计，如果失败了，那么我就是一个一无所有的穷光蛋，而你们也将失业。但如果成功了，我就会论功行赏，你们的生活也就有了保障。失败得失在此一举，大家一起努力吧！"这件事使全厂上下都振奋起来，采购人员买来了市面上能找到的所有款式的内衣，设计人员不分昼夜搞设计，广大职工纷纷提出自己的看法，从样式、布料，再到裁剪，给设计人员提供了不少灵感，有时一天竟拿出二十多套设计方案，一些职工还自发地跑上街头搞调研，看现在的女孩子究竟喜欢什么样的款式。而厂里的业务员更是拼尽全力拉客户。33天后，一批新款内衣设计完成了，一些客户已经开始订货了，厂里的工人又开始加班加点生产内衣……结果这些内衣一上市就受到了顾客好评：款式美观，质量好，价格适中。订货的客商像潮水一样涌来，李先生的内衣厂又复活了。

遇到非常时期，人是要有点非常思维和非常勇气的。在最后的关头，唯有抱着破釜沉舟的决心，才能绝处逢生。

其实把自己推向绝路并不代表必死无疑，不给自己留下退路，就没有了多余的顾虑，必将勇敢前行。而人在面临危险、绝望之际，往往会爆发出一股无穷大的威力，因此会取得出人意料的成功。

进退维谷之际，不如放手一搏

有时候真的是越长大，面对喜欢的东西越害怕。

譬如因为怕拒绝，所以不敢去表白；又如因为怕失恋，所以不敢去热恋；再如因为怕失败，因而不敢去尝试；有时明明想要去超越，却又向风险做了妥协，于是就这样犹犹豫豫、辗转反侧、思东想西、不死不活地混着日子，于是经常处于分裂状态之下虚度了一些，这似乎比堕落还消极，人世间最愚蠢的事莫过于此——胸有大志，却又虚掷时光。

然而，一生不长，有时还没等你活得透彻，青春已逝，沧桑已至，徒留一声嗟叹。岁月难饶，光阴不逮，现在的每一天，都是我们余生中最年轻的一天，把握不好当下，未来必然是一片虚无。我们需要梦想，但要迈开脚步，历经跋涉方能抵达，生命总有个期限，你不能一直让自己凌空摆荡，和生命扯皮。

有这样一则寓言，看看是否能将你瞬间敲醒。

故事说有一樵夫，上山砍柴不慎跌落，危难之际，他顺手拉住了半山腰处一根横出的树干，人就那样吊在半空中，他抬头看看，山崖四壁光秃且高，爬是爬不回去了，而下面又是崖谷。樵夫进退两难正不知如何是好，恰巧这时一老僧经过，给了他一个指点，他说："放！"

教人放手跳下悬崖找活路，这个老僧难道是个疯僧？

其实故事的精华就在于这个"放"字：既然上不去，那么唯一可能完好生还的途径已经被证实不能够了；而就那么吊在半空中，不上不下，显然也是死路一条，甚至有无数种更加悲惨的死法，那么最好的选择就是"放手"，跳下去——未必就会活，但也未必就会死！

或许可以就着山势而下，下滚的重力受到缓冲；或许下滚的过程中能够抓住一些草、一些树木，那么冲力还可以被卸掉一点点；又或许山崖底下也有一个寒潭……总之，至少还有很多种生还的可能。

这个"放"字可以说就是我们对于未知事物的一种积极态度。当我们面对进退两难的境地时，与其耗在那里等死，还不如别浪费干耗的精力，将全部的意志和精力凝聚在一个点上，放手一搏，说不定就会置之死地而后生。就算这个决定只有万分之一的希望，但毕竟还有一线生机，总好过那毫无希望的漫长虚耗。假如说，每一次决定行动时，你都能够当作是放手一搏的最后一线生机，那么你就可以做到很多人无法做到甚至不敢想象的事情。

所以，喜欢一个人就去表白，就去了解，相思不如相知。

想做一件事，就去做，没有废话，你会发现你比那些谈论梦想的人更加伟大。

很多时候，如果你不逼逼自己，你就根本不知道自己有多强大。

失败，可以成为站得更稳的基石

失败，可以成为站得更稳的基石，也能成为再一次栽倒的陷阱，如何选择，全在于你面对失败的态度。

1938年，一个普通的男孩子出生在美国，他的名字叫菲尔·耐特。他和大多数同龄人一样，也喜欢运动，打篮球、棒球、跑步，并对阿迪达斯、彪马这类运动品牌十分熟悉。耐特一直很喜欢运动，几乎达到了狂热的程度，他高中的论文几乎全都是跟运动有关的，就连大学也选择的是美国田径运动的大本营——俄勒冈大学。

可惜，耐特的运动成绩并不好。他最多只能跑1英里，而且成绩很差，他拼了命才能跑4分13秒，而跑1英里的世界级运动员最低录取线为4分钟，就是这多出的13秒决定了他与职业运动员的梦想无缘。

像耐特这样1英里跑不进4分钟的运动员还有很多，尽管他们不甘心被淘汰，但都无法改变这种命运，只得选择了放弃。不过耐特不想放弃，他认真分析了自己失败的原因之后认为，那次的失败不是他的错，完全是他脚上穿的鞋子的错。

于是，耐特找到了那些跟他一起被淘汰的运动员，跟他们说了自己的想法。他们也一致表示，鞋子确实有问题。不过在训练和比赛中，运动员患脚病是经常的事，而且很多年以来，运动员都是穿这种鞋子参加训练和比赛的，很少有人想办法解决鞋子的问题。

虽然运动员是做不成了，但是耐特决定要设计一种底轻、支撑力强、摩擦力小且稳定性好的鞋子。这样，就可以帮助运动员，减少他们脚部的伤痛，让他们跑出更好的成绩来。耐特希望自己的鞋子能够让所有的运动员都充分发挥出自己的潜能，不再因为鞋子的原因而失败。

说干就干，耐特跟自己的教练鲍尔曼合作，精心设计了几幅运动鞋的图样，并请一位补鞋匠协助自己做了几双鞋，免费送给一些运动员使用。没想到，那些穿上他设计的鞋子的运动员，竟然跑出了比以往任何一次都好的成绩。

从此，耐特信心大增，他为这种鞋取了个名字——耐克，并注册了公司。让人意想不到的是，这个平凡的小伙子创造的耐克，后来甚至超过了阿迪达斯在运动领域的支配地位。1976年，耐克公司年销售额仅为2800万美元；1980年却高达5亿美元，一举超过在美国领先多年的阿迪达斯公司；到1990年，耐克年销售额高达30亿美元，把老对手阿迪达斯远远地抛在后面，稳坐美国运动鞋品牌的头把交椅，创造了一个令人难以置信的奇迹。

耐特虽然一辈子无法成为职业运动员，但却让所有运动员不再为脚病而苦恼，并成功地把耐克做成了一个传奇。当年与耐特一起被淘汰的运动员不计其数，他们跟耐特一样跌倒了，但是爬起来之前，收获却不一样。耐特爬起来之后，走得很高很远，因为他看准了，自己需要注意的不是自己的速度，而是鞋子。正因为耐特跌倒了能够思考，能够把收获用在以后的日子里，所以他能取得非常高的成就。

跌倒不仅仅是一种不愉快的体验，更是成功的开始。只要能理性地分析跌倒的教训，甚至是别人跌倒的教训，从中寻找出带有普遍性的规律和特点，就可以指导我们今后的行动。古今中外，有识之士无不从自己或他人的教训之中寻找良方，避免重复的失误，从而获得成功。教训是自己和他人的前车之鉴，是一笔宝贵的财富。

Chapter 9
不良习惯，会让你付出沉重的代价

习惯不是一律的，有好有坏。好的习惯，能够让人获益良多，而不良的习惯会阻碍你成功，甚至还会让你为其付出沉重的代价。

马马虎虎，一着不慎满盘皆输

"夫祸患常积于忽微"，"忽微"即对微小事物的疏忽。一些小小的疏忽，竟能导致祸患的降临，这看似有些不可思议，然而这是被时间证明了的一条无可辩驳的客观规律。

俗话说："小洞不补，大洞吃苦。""千里之堤，溃于蚁穴。"一个蚁穴，微不足道，但不及时堵塞，就能使长堤毁于一旦。一切事物的变化总是从量变开始的，一定程度量的积累，就会促进事物性质发生变化。

在英国民间流传着这样一首歌谣：

缺了一枚铁钉，掉了一只马掌；

掉了一只马掌，失去一匹战马；

失去一匹战马，损了一位骑兵；

损了一位骑兵，丢了一次战斗；

丢了一次战斗，输掉一场战役；

输掉一场战役，毁了一个王朝。

同所有民间谚语和歌谣一样，这首歌谣也是源自于社会生活当中，它反映的是战场上的一个真实事件，而且这首歌谣还以极

Chapter 9 不良习惯，会让你付出沉重的代价

其生动和简洁的形式几乎十分完整地叙述了那场战争。

那是在 1485 年，当时的英国国王到波斯沃斯征讨与自己争夺王位的里奇蒙德伯爵。决战马上就要开始了，战斗双方剑拔弩张。他们都知道胜败将在此一举，他们当中总有一方要戴上大英帝国的王冠，而另一方则只能沦为阶下囚。

决战开始的前一天，国王责令全军将士都要严整军容，并且要把所有的战斗工具调整到最好的状态，比如，确保足够的盾牌和长矛数量，使自己的钢刀更加锋利，以及使自己的战马更加勇往直前等。一位叫杰克的毛头小伙子在这场战役中担任国王的御用马夫。他牵着国王最钟爱的战马来到了铁匠铺里，要求铁匠为这匹屡建奇功的战马钉上马掌。

钉马掌只是一件小活儿，却因最近战事频繁，铁匠铺的生意都好得不得了，所以铁匠对这个年轻的马夫有些怠慢。身为国王的马夫，杰克当然容不得对方的这种轻视态度，于是他端着架子对铁匠说："你知道这匹马的主人是谁吗？你知道这匹战马将要立下怎样的战功吗？告诉你，这可是国王的战马，明天国王就要骑着它打败里奇蒙德伯爵。"铁匠再也不敢怠慢眼前的小马夫了，他把马牵到棚子里开始为马钉马掌。

钉马掌的工作其实很简单，这个技艺娴熟的铁匠不知道已经为多少战马钉过马掌了。但是今天，就在为国王的御用战马钉马掌的这一刻，他却感到了为难，原来他手中的铁片不够了。于是他告诉马夫需要等一会儿，自己要到仓库中寻找一些能用于钉马掌的铁片。可是马夫杰克却很不耐烦，他说："我可没有那么多时

间等你，里奇蒙德伯爵率领的军队正在一步一步地向我们逼近，耽误了战斗，无论是你还是我都承担不起责任。"看到铁匠愁眉苦脸的样子，他又说："你可以随便找其他一些东西来代替那种铁片吗？难道在你偌大个铁匠铺里就找不到这样一些东西吗？"杰克的话提醒了铁匠，他找到一根铁条，当铁条被横截之后，正好可以当成铁片用。

铁匠将这些铁片一一钉在了战马的脚掌上，可是当他钉完第三个马掌的时候，他发现又有新问题出现了———这一次是钉马掌用的钉子用完了，这不能怪铁匠储备的东西不够丰富，实在是战争中需要用的铁制工具太多了。铁匠只好请求马夫再等一会儿，等自己砸好铁钉再把马掌钉好。马夫杰克实在是等不及了，让铁匠再凑合凑合得了，铁匠告诉他恐怕不牢固，但马夫坚持不愿意再等了。这匹战马就这样带着一个缺少了钉子的马掌离开铁匠铺，载着国王冲到了战斗的最前沿。

最后的结果就如同那首歌谣唱的那样，国王在骑着战马冲锋的时候，没有钉牢的马掌忽然掉落，战马随即翻倒，国王滚下马鞍被伯爵的士兵活活擒住，这场战役以国王的彻底失败而告终。

一个庞大的王朝，足以被一个铁钉毁掉。过去听到类似的劝诫时，我们总是不以为然，而有一天我们亲身体验到其中的滋味时，恐怕为时已晚。

马虎轻率所带来的小错误、小疏忽的可怕之处在于，它们不会停留在原地，而是接着带来毁灭性的危害。所以对待人生，我们不能有丝毫的马虎，否则，即使是一个细枝末节，也会让你付出沉重的甚至是永远无法弥补的代价。

顾虑重重，好运早已了无影踪

顾虑太多，永远不能迈出向前突破的艰难一步，不能给自己的未来做决定，就只能混一辈子。

人，不要顾虑太多，确定了要做什么就勇敢地去做，这样既避免浪费时间，又免得伤神。谨慎一点固然没错，但过度的谨慎就成了畏缩。有的事错过了可以重来，然而，有的事一旦错过，就不可能再有第二次。

一位中国留学生应聘一位著名教授的助教。这是一个难得的机会，收入丰厚，又不影响学习，还能接触到最新科技资讯。但当他赶到报名处时，那里已挤满了人。

经过筛选，取得考试资格的各国学生有30多人，成功希望实在渺茫。考试前几天，几位中国留学生使尽浑身解数，打探主考官的情况。几经周折，他们终于弄清内幕——主考官曾在朝鲜战场上当过中国人的俘虏！

中国留学生这下全死心了，纷纷宣告退出："把时间花在不可能的事上，再愚蠢不过了！"

这位留学生的一个好朋友劝他："算了吧！把精力匀出来，多刷几个盘子，挣点儿学费！"但他没听，而是如期参加了考试。最后，他坐在主考官面前。

　　主考官考察了他许久，最后给他一个肯定的答复："OK！就是你了！"接着又微笑着说："你知道我为什么录取你吗？"

　　年轻留学生诚实地摇摇头。

　　"其实你在所有应试者中并不是最好的，但你不像你的那些同学，他们看起来很聪明，其实再愚蠢不过。你们是为我工作，只要能给我当好助手就行了，还扯几十年前的事干什么？我很欣赏你的勇气，这就是我录取你的原因！"

　　后来，年轻留学生听说，教授当年是做过中国军队的俘虏，但中国兵对他很好，根本没有为难他，他至今还念念不忘。

　　许多人的脑子太复杂，总爱自作聪明，认为机遇总是属于那些最聪明、最优秀的人才，轻易否定自己，结果浪费了机遇，因此，他们往往还没有走到挑战的边缘就从心理上败下阵来。不如想得简单一些，尝试一下再说。也许，好运就在突破顾虑的那一扇门后面。

Chapter 9　不良习惯，会让你付出沉重的代价

举棋不定，当断不断必受其乱

优柔寡断，只能坐失良机。迟疑不决的人，永远找不到最好的答案，因为机遇会在你犹豫的片刻失掉。

生活的艺术就是选择一个进攻的突破口，然后全力以赴去冲击。如果能在纷繁混乱的目标中，当机立断，尽快选择一个目标，并为实现目标不懈地奋斗，成功就触手可及了。如果犹豫不决，后果就可能糟糕得一塌糊涂，鸿门宴中项羽的优柔寡断就是一例。

项羽入关之前屯兵新丰鸿门，刘邦屯兵灞上，双方相距不远，谋士范增劝说项羽速攻刘邦，而项羽却踌躇不决。恰好此时曹无伤向项羽告密："沛公欲王关中，使子婴为相，珍宝尽有之。"项羽闻言大怒，当即发誓次日便要消灭刘邦，然而就在这剑拔弩张的紧急时刻，被刘邦收买过的项伯，仅用三言两语，不但打消了项羽要"击破沛公军"的念头，而且还同意刘邦前来谢罪。

鸿门宴上，范增屡次示意项羽要他杀掉刘邦，可是项羽总因下不了决心而"默默不应"，使得刘邦躲过了第一劫。待后来范增招来刺客项庄，企图让他趁舞剑之机刺死刘邦时，由于项伯乘机涉足其中，暗中保护刘邦，项庄又每每不能得手；对项伯的非常

之举，项羽一味地姑息纵容，范增的计划因此再度落空，刘邦又躲过了第二劫。项庄舞剑失败以后，宴会上的气氛依旧十分紧张，就在刘邦欲走不能走、想留不敢留的极其矛盾之时，刘邦的骖乘樊哙闯进来将项羽大骂一通，不料项羽这次非但没有发怒，反而称樊哙为壮士，对其赐酒赐肉，礼待有加，使得后来刘邦有可能在樊哙等人的保护下金蝉脱壳，逃之夭夭。正是项羽的犹豫不决使他失去了除掉心腹大患的绝佳机会。

楚汉双方在广武对峙时，项羽捉住刘邦的父亲拿到阵前当人质，希望借此来威胁刘邦投降。项羽表示如果刘邦不投降的话，就把他父亲放到锅里煮了。谁知刘邦的回答却出奇地爽快："煮就煮吧，只是到时别忘了给我留一勺汤喝。"刘邦的果断与项羽的犹豫形成了鲜明对比，难怪刘邦能以弱制强建立汉朝。

项羽一次次的犹豫，将自己封在了一个死胡同里，最后兵败如山倒，乌江自刎虽悲壮凄美，却换不回九五至尊的威仪。可见迟疑不决是多么可怕的一种心态。

无论在什么时候，快刀斩乱麻都是成功者必须具备的一种素质。认清形势，迅速作出决定并快速实施往往能收到事半功倍的效果。记住，想成功就一定不要犹豫不决。

Chapter 9　不良习惯，会让你付出沉重的代价

自满懈怠，不再超越就会被淘汰

21世纪，没有危机感就是最大的危机。你想一成不变，可这个世界一直在变，并且它不会因为你的停顿而停滞不前。大形势要求我们必须做出改变。

看看那些身经百战的企业家是怎么说的：

微软的比尔·盖茨说："微软离破产永远只有18个月。"

海尔的张瑞敏总是感觉："每天的心情都是如履薄冰，如临深渊。"

联想的柳传志一直认为："你一打盹，对手的机会就来了。"

百度的李彦宏一再强调："别看我们现在是第一，如果你30天停止工作，这个公司就完了。"

别以为那都是企业家们的事情，事实上你的生活一样危险。在这个不断更新的社会中，一个人的成长过程就像是学滑雪一样，稍不留心就会摔进万丈深渊，只有忧虑者才能幸存。

陈应龙曾在一家企业担任行政总监，而如今只是一名待业者。在他成为公司的行政总监之前，他非常能"折腾"自己，卖命地工作，并且不断地学习和提升自己。他在行政管理上的才华很快得到了老板的肯定，工作3年后他被提拔为行政主管，5年后他就

升到了行政总监的位置上，成了全公司最年轻的高层管理人员。

然而升职以后，拿着高薪，开着公司配备的专车，住着公司购买的豪宅，在生活品质得到极大提升的同时，他的工作热情却一落千丈。他开始经常迟到，只为睡到自然醒；他也开始经常请假，只为给自己放个假；他把所有的工作都推给助手去做。当朋友们劝他应该好好工作的时候，他却说："不需要那么折腾了，坐到这个位置已经是我的极限了，我又不可能当上老总，何必把自己折腾得那么辛苦？"

这时的他俨然把更多精力放在了享乐上。就这样，他在行政总监的位置上坐了差不多2年的时间，却没有一点拿得出手的成绩，又有朋友提醒他："应该上进一点了，没有业绩是很危险的。"

没想到，他却不以为然："我是公司的功臣，公司离不了我，老板不会卸磨杀驴！"

的确，公司很多工作确实离不开他。然而，他的消极怠工最终还是让老板动了换人的念头。终于有一天，当他开着车像往日一样来到公司，优越感十足地迈着方步踱进办公室时，他看到了一份辞退通知书。陈应龙就这样被自己的不思进取淘汰掉了。

被辞退后，高薪没了，车子退了，豪宅也收回了，这时的他不得不去租一间小得可怜、上厕所都不方便的单间。

很多人就像上面这位老兄一样，自以为不可替代，其实，这个时代缺少很多东西，但独独不缺的就是人，所以，真的别顺从自己的那根懒筋。

人，不能一直停留在舒适而具有危险性的现状之中，因为当你停下前进的脚步时,整个世界并没有和你一起停下,你周围的人仍在不停地前进着。

依靠他人,已将自我彻底埋没

依附是将自我彻底埋没,在经营人生的过程中,它是一场削价行为。生命之本在于自立自强,人格独立方能使生命之树常青。依附他人而活,就算一时能博个锦衣玉食,也不会安枕无忧,一旦这个宿主倒下,你的人生就会随之轰然倒塌。

一只住在山上的鸟与住在山下的鸟在山脚下相遇。山上的鸟说:"我的窝刚搭好,参观参观吧。"山下的鸟便跟着去了,到那儿一看——什么鸟窝?不就是光秃秃的石缝里放着几根干草吗?

"看我的去。"山下的鸟带着山上的鸟来到一家富人的花园。

"看,那就是我的窝。"山上的鸟仰头望去,果然看到一只精致的木制鸟窝悬挂在紫荆树梢,那窝左右有窗,门面南而开,里面铺着厚厚的棉絮。

山下的鸟自豪地说:"像我们这种鸟,有漂亮的羽毛,叫声又不赖。找个靠山是非常容易的。假如你愿意,以后我给你说说,搬这儿来住。"

山上的鸟没有回答,展翅飞走了,再没有回来。

不久后的一天，山上的鸟正在石缝窝里睡觉，听到门口有叫声，伸头一看，山下的鸟正狼狈地站在那儿。它身上的羽毛已不平正，哭丧着脸对山上的鸟说："富翁死了。他的儿子重建花园，把我的窝给拆了。"

依赖是对生命的束缚，是一种寄生状态。习惯于依赖的人，如果突然失去赖以为生的依靠，他的生命力将趋向于零。山下那只鸟依附在富翁家中，虽有一时的光鲜，却终敌不过石缝中的几根干草。

坐在舒适软垫上的人容易睡去。依靠他人，总觉得会有人为我们做任何事，所以不必努力，这种想法对发挥自助自立和艰苦奋斗精神是致命的障碍！

有两个西班牙人，一个叫布兰科，一个叫奥特加。虽然他们同龄，又是邻居，但家境却相差很远。布兰科的父亲是一个富商，住别墅，开豪车。而奥特加的父亲却是一个摆地摊的，住棚屋，靠步行。

从小，布兰科的父亲就这样对儿子说："孩子，长大后你想干什么都行，如果你想当律师，我就让我的私人律师教你当一名好律师，他可是出名的大律师；你如果想当医生，我就让我的私人医生教你医术，他可是我们这里医术最高的医生；如果你想当演员，我就将你送去最好的艺术学校学习，找最好的编剧和导演来给你量身定做角色，永远让你当主角；如果你想当商人，那么我就教你怎样做生意，要知道，你老爸可不是一个小商人，而是一个大商人，只要你肯学，我会将我的经商经验全都传授给你！"

奥特加的父亲则总是这样对儿子说："孩子，由于爸爸的能力有限，家境不好，给不了你太多的帮助，所以我除了能教你怎样摆地摊外，再也教不了你任何东西了。你除了跟我去学摆地摊，其他的就是想也是白想啊！"

两个孩子都牢牢地记住了自己父亲的话。布兰科首先报考了律师，还没学几天，他就觉得律师的工作太单调，根本就不适合他的性格。他想，反正还有其他事情可以干，于是，他又转去学习医术。因为每天都要跟那些病人打交道，最需要的就是耐心，还没干多久，他又觉得医生这个职业似乎也不太适合他。于是，他想，当演员肯定最好玩，可是不久后，他才知道，当演员真的是太辛苦了。最后，他只得跟父亲学习经商，可是，这时，他父亲的公司因为遭遇金融危机而破产了。

最终，布兰科一事无成。

奥特加跟父亲摆了几天地摊后，就哭着不肯去了，因为摆地摊日晒雨淋不说，还常遭人白眼。可是，一想到除了摆地摊，再也没别的事可干，他又硬着头皮跟父亲出发了。可是，还没干几天，他又受不了了，又吵着闹着不肯去了。因为没事可干，不久，他又跟着父亲出发了。

慢慢地，他竟然从摆地摊中发现，要想永远摆脱摆地摊的工作，就得认真地将地摊摆好。结果，几年后，他终于拥有了自己的专卖店。30年后，他拥有了属于自己的服装集团。如今，该集团在世界68个国家中总计拥有3691家品牌店，一跃成为世界第二大成衣零售商。奥特加以250亿美元个人资产，位列《福布斯》

2010年世界富豪榜第9位。

　　人若一直依赖拐杖走路，就会忘记双腿应有的功能，离开拐杖，便不会行走了。然而，没有什么拐杖是你能够永久依赖的，命运要靠自己把握。所以，你不能把太多的希望寄托在别人身上，没有人会永远保护你，父母终究会老去，朋友都会有自己的生活，所有外来的赐予必然日渐远离，所以我们要学着给自己温暖和力量，遇到困难不要灰心、不要抑郁，越是孤单越要坚强，生命的负重还要靠自己来托起。

乞哀告怜，伏低做小卑不足道

　　为什么我们的两只眼睛都是朝着前方？那是因为我们要多看看别人，不要只看自己。为什么我们的两只胳膊都朝里面弯？因为我们要多靠自己，尽量不要依赖别人。可是，有些自以为聪明的人往往违背了生命的本意，他们的两只眼睛总是盯着自己是否得到了什么，而两只胳膊又总是伸向别人，去要求、去索取，就像寄生虫一样地活着。更有甚者，甚至索性用卑微的态度去博取同情，用抱怨的话语去求得认同，事实上，得到的不是同情与认同，而是越来越重的鄙夷。到最后，连自己都会在这些负面的念头中彻底沉沦。

我们来看看下面这则故事，看看那些可怜的人：

史密斯走出办公大楼，身后突然传来"嗒……嗒……嗒……"的声音，很显然，那是盲人在用竹竿敲打地面探路。史密斯愣了片刻，接着，他缓缓转过身来。

盲人觉察到前方有人，似乎突然矮了几公分，蜷着身子上前哀求道："尊敬的先生，您一定看得出我是个可怜的盲人吧？你能不能赏赐这个可怜人一点时间呢？"史密斯答应了他的请求，"不过，我还有事在身，你若有什么要求，请尽快说吧。"他说。

片刻之后，盲人从污迹斑斑的背包中掏出一枚打火机，接着说道："尊敬的先生，这可是个很不错的打火机，但是我只卖2美元。"史密斯叹了口气，掏出一张钞票递给盲人。

盲人感恩戴德地接过钞票，用手一摸，发现那竟然是张百元美钞，他似乎又矮了几公分："仁慈的先生啊，您是我见过最慷慨的人，我将终生为您祈祷！愿上帝保佑您一生平安！先生您知道吗？我并非天生失明，我之所以落到这步田地，都是拜15年前迈阿密的那次事故所赐！"

史密斯浑身一颤，问道："你是说那次化工厂爆炸事故？"

盲人见史密斯似乎很感兴趣，说得越发起劲："是啊，就是那一次，那可是次大事故，死伤好多人呢？！"盲人越说越激动，"其实我本不该这样的，当时我已经冲到了门口，可身后有个大个子突然将我推倒，口中喊着'让我先出去，我不想死！'而且，他竟然是踩着我的身子跑出去的！随后，我就不省人事，待到我从医院中醒来，就已经变成了这个样子！"

谁知，史密斯听完以后，口气突然转冷："霍华德，据我所知，事情并不是这样，你将它说反了！"

盲人亦是浑身一颤，半晌说不出一句话来。史密斯缓缓地说："当时，我也在迈阿密化工厂工作，而你，就是那个从我身上踏过去的大个子，因为，你的那句话，我这一生也忘不了！"

盲人怔立良久，突然一把抓住史密斯，发出变调的笑声："命运是多么的不公平！你在我身后，却安然无恙，如今又能出人头地，我虽然跑了出来，如今却成了个一无是处的瞎子！这灾难原本是属于你的，是我替你挡了灾，你该怎么补偿我？！"

史密斯十分厌烦地推开盲人，举起手中精致的棕榈手杖，一字一句地说道："肖恩，你知道吗？我也是个瞎子，你觉得自己可怜，但我相信我命由我不由天！"

遭遇相同，境遇却大相径庭。有人甘愿沦落，以落魄博取同情，有人自食其力，博得个满堂红。这便是"能人"与"懦夫"的区别。

那么，当你看见有如这位盲人一般猥琐的人时，心中是否产生了厌恶感呢？请注意，不要让自己成为那样的人。你抱怨再多，也不可能改变现状，唯有行动才能帮助你开辟一片属于自己的天地；你处境再难，也不是沉沦的借口，同情不可能将你从深渊中拯救。不要让别人觉得你可怜，无论我们最终会成为什么样的角色，但你必须是自己生命中的主角。你时常去求人，低三下四、低眉顺眼，或许可以得到别人的怜悯，但不会长久，没有人愿意为你无休止的奉献。更何况，那是一种人性自尊的损伤，也是一种个性缺失的悲哀，这样的人生没有多大意义，这样的你将注定无法与别人处在一条线上。

固守常规，束缚自己错失良机

我们认识事物，总有一定的思维框架，是以前经验的沉淀。它常常使我们认识事物时有了一定的参照系。它是有用的，但是，它又可能使我们用它来对照复杂的对象时陷入"想当然"的错误。

大家熟知的拿破仑，他最后的失败并不是败在了滑铁卢战役上，而是失败在了一枚棋子上。拿破仑在滑铁卢战役失败之后，被终身流放到了圣赫勒拿岛。他一个人在岛上过着十分寂寞和孤独的生活。

后来一次偶然的机会，拿破仑的一位密友秘密赠给他一副象棋。而拿破仑对朋友送给他的这副精制而珍贵的象棋爱不释手，经常一个人默默地下象棋，无可奈何地打发着自己孤独和寂寞的时光，直到最后慢慢地死去。

等到拿破仑死后，那副象棋多次被高价转手拍卖。有一天，那位象棋的拥有者偶然发现，象棋中的一枚棋子底部居然是可以打开的。

而当这个人把这枚棋子的底部打开之后，简直惊呆了，里面竟然密密麻麻地写着如何从圣赫勒拿岛逃生的详细计划。

可是令人惋惜的是，当时拿破仑并没有从象棋中领悟到朋友的良苦用心，以及这副象棋中的深奥秘密。就连拿破仑自己也不会想到，他最后竟然死在了自己常规思维的陷阱里。如果在当时，他还能够用南征北战时期兵不厌诈的思维方法来思考一下象棋中可能蕴含的其他功能，也许上帝会再一次地向他伸出援助之手。

而事实上，在我们每个人的自我认知当中，我们后天获得的固定思维就好像是一种无形的引力，很容易让我们的思路朝着固定方向靠拢，而这些固定的方向可能是我们自己预定的潜规则，最后也正是这些自己设定的规则无形地把我们套住了，让我们失去了原本与生俱来的创造力。

我们第一眼看上去好的东西不一定是真正好的东西，我们现在觉得好的方法也不一定是绝对好的办法。所以，在生活当中，我们还是要学会换个思路思考问题、分析问题，并且做到客观、冷静地分析事情，敢于打破常规的传统观念，能够通过崭新的眼光寻找出解决问题的最佳途径。

Chapter 10
惜时，勤勉，才能创造更高价值

成功女神是很挑剔的，她只让那些能把24小时变成48小时的人接近她。如果你勤勉，她会给你带来智慧和力量，如果你懒散，她只会给你留下一片悔恨。

最严重的浪费，就是浪费时间

时间这东西，最快而又最慢，最长而又最短，最平凡而又最珍贵，最易被忽视而又最令人难忘。一步步、一程程已经离开，一秒秒、一分分已经过去，一年年、一代代不再回来。平庸者在生活里发霉腐烂，在无限制挥霍生命时，并未想过，时间与人而言意味着什么。

时间是世界上一切成就的土壤。时间给空想者痛苦，给创造者幸福。

某日，富兰克林报社商店，一位顾客问道："小姐，请问这本书售价是多少？"

"哦，1美元。"

"1美元，还打折吗？"

"对不起先生，这是最低售价。"

顾客沉思片刻："请问富兰克林先生在吗？"

"是的他在，正在印刷室工作。"

"那么我想见见他。"在顾客的一再要求下，店员只好将富兰克林请出来。

"请问富兰克林先生，这本书的最低售价是？"

"1美元25分。"富兰克林立即答道。

"刚刚店员告诉我是 1 美元。"顾客有些不满。

"是的,但我宁可给你 1 美元,也不想中断工作。"

"那么富兰克林先生,这本书到底多少钱?"

"1 美元 50 分"

"怎么?"

"这是我现在能给出的最低售价。"

顾客无语,到柜台交了钱,默默地走出书店。

……

富兰克林用自己的言语和行动,给顾客上了一堂人生课。他想告诉对方:对于立志成功者而言,时间就是金钱。对于时间,我们只能珍惜,不能浪费。

时光匆匆,人生短暂,我们不能在时光消逝以后,再去后悔、再去空叹,而应利用好今天的每一分、每一秒,用有限的时间去创造无限的人生价值。

"你热爱生命吗?那么就不要浪费时间,因为时间是组成生命的材料。"成功或是失败,很大程度上取决于你怎样去分配时间,一个人的成就有多大,要看他怎样去利用自己的每一分时间。

把握住今天，才有美好的明天

我们总在以"明日复明日，明日何其多"的心态生活，于是时光匆匆流过，光阴荏苒，回首往日却遗憾颇多。如果不想这样过一生，那就要从这个已经习惯的不良心态改起。然而，当你还有明天的时候，往往都会自己原谅自己今天的拖延。

有一个寓言故事说，有一段时间内，人死亡的数量忽然锐减。

于是，阎罗王紧急召来众位鬼臣，商讨如何诱引人们下地狱。

会议开始，众鬼臣纷纷抒发己见。

牛头率先发表意见说："让我去告诉人类：'丢弃良心吧！世上根本就没有天堂！'"

阎王考虑了一会儿，摇了摇头，表示否定。

接着，马面提议说："让我去告诉人类：'尽情地为所欲为吧！因为死后根本就没有地狱！'"

阎王想了想，还是摇摇头。

过了一会儿，旁边一个小鬼说："我去对人类说：'还有明天！'"

阎王眼睛一亮，这回他终于点了头，表示认同。

阎王认为，即使没有天堂，人们也不一定会丢弃良心；就算没有地狱，人们也不一定为所欲为，这些完全都不足以把人引向死亡。

"但为什么是'还有明天'？"众鬼臣疑惑地问。

阎王说："如果还有明天，那么人们便会更加纵欲享乐，即使面临死亡也不怕，因为'还有明天'啊！"

这个寓言完全颠覆了"还有明天"的正面意义，让正想纵情纵欲的人，或丢弃人性良知的人，心灵遭受蒙蔽，看不见死亡的陷阱。

面对私心越来越重的现代人，这个黑色寓言或许可以作为警示，特别是当你想纵情享乐时，别忘了死亡也正悄悄地降临在你的身边。

凡事不会只有一个方面，就像"还有明天"一定代表着"明天还有机会"，如果"今天"的你仍然不懂珍惜时间，只知浪费生命，再多的"明天"，也只是让你用更多的时间消耗生命而已。

仔细想想，即使昨天美妙异常，我们又怎能追得回？即使明天迷雾重重，我们又怎能在今天就揭开它的神秘面纱？我们所能把握的不是昨天，也不是明天，只有今天。

把时间花在进步上，而不用来虚度

大部分人都是在别人荒废的时间里崭露头角的，把时间花在进步上，而不是抱怨上，这就是成功的秘诀。

自从进入NBA以来，科比就从未缺少过关注，从一个高中生一夜成为百万富翁，到现在的亿万富翁，他的知名度在不断上升。洛杉矶如此浮华的一座城市对谁都充满了诱惑，但科比却说："我可没有洛杉矶式的生活。"从他宣布跳过大学加盟 NBA 的那一刻他就很清楚，自己面对的挑战是什么。

每天凌晨 4 点，当人们还在睡梦中时，科比就已经起床奔向跑道，他要进行 60 分钟的伸展和跑步练习。9 : 30 开始的球队集中训练，科比总是至少提前一个小时到达球馆，当然，也正是这样的态度，让科比迅速成长起来。于是，奥尼尔说"从未见过天分这样高，又这样努力的球员"。

十几年弹指一挥间，科比越发强大起来，但他从未降低过对自己的要求，即使遭遇挫折、伤病，他也从没放弃过训练。右手伤了就练左手，手指伤了无所谓，脚踝扭到只要能上场就绝不缺赛，背部僵硬，膝盖积水……一次次的伤病造就出来的，只是更强的科比·布莱恩特。于是你看到的永远如你从科比口中听到的一样——"只有我才能使自己停下来，他们不可能打倒我，除非杀了我，而任何不能杀了我的就只会令我更坚强。"

当然，想要成功绝不是说一句励志语那么简单，而相同的话与他同时代的很多人都曾说过，但现在我们发现，有些人黯然收场，有些人晚景凄凉，有些人步履蹒跚，"96 黄金一代"，能与年轻人一争朝夕的就只剩下了科比。

"在奋斗过程中，我学会了怎样打球，我想那就是作为职业球员的全部，你明白了你不可能每场都打得很好，但你不停地奋斗会有好事到来的。"这就是科比，那个战神科比。

在很多时候，我们似乎更倾向于一种"天才论"，认为有一种人天生就是做某某的料，所以在某一领域尤为突出的人，时常被我们称为"天才"。譬如科比，你可能认为他就是个篮球天才，的确，这需要一定的天赋，但若真以天赋论，科比不及同时代的麦格雷迪，若以起点论，科比更不及同年的选秀状元艾弗森，何以如今有如此不同的境遇？答案就是对时间的珍惜以及自身的不懈努力。

在我们这个时代，很多人都喜欢抱怨上天不公，抱怨自己怀才不遇，未能人尽其才，甚至因此不思进取、自暴自弃，最终沦为时代的淘汰品。俗话说得好，"三百六十行，行行出状元"，为什么一块普通铁块，在某些铁匠手中能够成为将军手中的利刃，而在另一些铁匠手中，只能成为农夫手中的锄犁？答案很简单，前者精于本业，不断锤炼自己的专业技能，后者不思进取，只求草草谋生。

所以，与其抱怨别人不重视我们，不如反省自己，抓紧时间，不断提高自己的能力。倘若我们能够在自己所处的领域中，以饱满的热情、一丝不苟的态度、不断进取的精神，去迎接看似枯燥乏味的事业，就一定能够实现自己的人生价值，一定能够获得荣耀与肯定。

有效利用时间，才能创造更多价值

时间是有限的，正是这有限的生命才能够赋予生命不同的意义。倘若生命无限存在，反倒失去了原本的价值。充分利用时间，才能使有限的生命创造出更多的价值。

一个人能做更多的事，并不一定是比别人拥有更多的空闲时间，而是比别人使用时间更有效率。成功或是失败，很大程度上取决于你怎样去分配时间，一个人的成就有多大，要看他怎样去利用自己的每一分钟。

A与B同住在乡下，他们的工作就是每天挑水去城里卖，每桶2元，每天可卖30桶。

一天，A对B说道："现在，我们每天可以挑30桶水，还能维持生活，但老了以后呢？不如我们挖一条通向城里的管道，不但以后不用再这样劳累，还能解除后顾之忧。"

B不同意A的建议："如果我们将时间花在挖管道上，那每天就赚不到60块钱了。"二人始终未能达成一致。于是，B每天继续挑30桶水，挣他的60元钱，而A每天只挑25桶，用剩余的时间来实现自己的想法。

几年以后，B仍在挑水，但每天只能挑25桶。那么A呢？他已经挖通了自来水管道，每天只要拧开阀门，坐在那里，就可以赚到比以前多出几倍的钱。

其实很多人正和 B 一样。他们在工作中懒懒散散，每天眼巴巴地看着钟表，希望下班时间早点到来，结束这"枯燥"、"乏味"的工作；回到家中，他们依然如故，除了洗衣、做饭、吃饭、睡觉，以及必要的外出，几乎就等待新一天的到来。他们得过且过，眼中只有那"60 元"钱，不断在时光交替中空耗生命。但他们却丝毫不知，自己正在浪费生命中最珍贵的东西。

现阶段就业空间有限，各行业、各领域人才济济，高学历、高能力者比比皆是。每一个人，包括那些自主创业者，都将面临最残酷的竞争考验。这种形势下，公司不再是你生活品质的保障，更无法保证你的未来，难道我们就坐以待毙吗？换言之，既然是我们的未来，为什么要把它交托给别人？为什么不把时间合理利用起来，让自己随着时间的推移，变得越来越强大？

很显然，我们需要有效地运用时间这种资源，以便我们有效地取得个人的重要目标。需要注意的是，时间管理本身永远也不应该成为一个目标，它只是一个短期内使用的工具。不过一旦形成习惯，它就会永远帮助你。

人生太短，必须去向效率要时间

美国有一个农庄，经过统计发现其农作物的产出值是平均值的二倍，这是令人难以置信的。有一位效率专家想去研究高产出原因，他千里迢迢来到这个农庄，看到一户农家，就推门而入，发现有一位农妇，正在工作，她怎么工作呢？两只手打毛线，一只脚正推动着摇篮，摇篮里睡着一位刚出生不久的婴儿，另外一只脚推动一个链条带动的搅拌器，嘴里哼着催眠曲，炉子上烧着有汽笛的水壶，耳朵注意听水有没有烧开。但是效率专家觉得很奇怪，为什么每隔一会儿，她就站起来，再重重地坐下去，这样一直地重复？效率专家再仔细一看，才发现这位农妇的座垫，竟是一大袋必须重复压，才会好吃的奶酪。因此效率专家说不必查了，他已经知道高效率的原因了。

面对堆积如山的事情，你可能感到心烦意乱，情绪紧张，就算与朋友一起喝酒聊天，也难以开怀大笑。你可能埋怨说："我的办事能力太差，事情总是做不完，反而越来越多。"实际上每个人的办事能力都差不多，关键在于怎样处理事情。

有的人奋斗一生却一生潦倒，有的人看似优哉却取得了让人羡慕的成绩，前一种人很努力却也很悲哀，因为他们不懂得效率比苦干更重要的道理。我们不仅要坚持不懈地努力，更要懂得怎样去努力达到最高的效率。

《世界主义者》月刊的主编海伦·格利·布朗总是在办公桌上放一本自己办的杂志。每当她受到什么事情引诱而消磨时间、做一些与杂志成功无关的事情时，看看那本杂志，她的注意力就会回到正事上来。安排事情先后顺序的一个方法是把要做的事情列成单子。每天晚上，把第二天要做的前20项工作简要地写下来，并在这一天当中，反复看几遍这个单子。完成单子上的各项任务的最好方法是给每项工作留出一个专门的时间。大多数想获得成功的人都利用有用的时间来写表示感谢、慰问和祝贺的私人信函。但是，如果所要写的是日常工作的备忘录、公函、资料汇总和表格的话，他们就会依靠以前写过的文字资料来节省大量时间。

金融家J.B.富卡通过打电话集中做生意，发了大财。他最重要的策略是在打电话之前把要说的话写下来。为了避免打电话时找不到人，要及时给别人回电话，因为你很容易找到打电话的人，这样你的留言就不会堆积起来。如果那个人此时正忙，许多善于利用时间的人就会约个时间再回电话。在一些人的录音电话中留下详细的口信，可以使你免受长时间谈话之累，还会使你更快地得到答复。

高效是一种良好的习惯，只有高效才能打造一个人的竞争优势，提升核心竞争力。

分清轻重缓急，拣重要的事先做

能把握分寸，"就重避轻"，这是很多成大事者必备的重要素质。正所谓"两利相权取其重，两害相权取其轻"。主次分明，分出轻重缓急，永远是做事的原则。一个人要获取成功，就不能眉毛胡子一把抓，只要选好一个突破口，往往就可以大有收获。

其实，上帝是很公平的，它给予每个人每天的时间都是相同的，无论贫穷还是富有。不同的是，有些人做起事来有条有理、得心应手；有些人虽然忙得团团转，却没有一件事办得令人满意，只是在浪费时间和精力而已。究其原因，是因为后者做事没有章法，分不出个轻重缓急，像一只无头苍蝇一样乱飞乱撞？所以我们需要记住：永远要从最重要的事情开始做起。

美国伯利恒钢铁公司总裁查理斯·舒瓦普向效率专家艾维·利请教"如何更好地执行计划"的方法。艾维·利声称可以在10分钟内就给舒瓦普一样东西，这东西能将他公司的业绩提高50%，然后他递给舒瓦普一张空白纸，说："请在这张纸上写下你明天要做的几件最重要的事。"舒瓦普用了5分钟写完。艾维·利接着说："现在用数字标明每件事情对于你和你公司的重要性的次序。"舒瓦普又花了5分钟。艾维·利说："好了，把这张纸放进口袋，明天上车第一件事是把纸条拿出来，做第一项最重要的事情。着手办第一件事，直至完成为止。然后用同样的方法对待第二项、第三项，直到你做完为止。如果只做完第二件事，那不要紧，你总是在做最重要的事情。"艾维·利最后说："每一天都要这样做，您刚才看见了，只用 10 分钟时间。如果你相信这种方法有价值的话，让你公司的职员也这样做。这个试验你做多久都可以，然后给我寄支票来，你认为值多少就给我多少。"一个多月以后，艾维·利收到了舒瓦普寄来的一张 2.5 万美元的支票和一封信。信上说，那是他一生中最有价值的一堂课！

5 年之后，这个当年不为人知的小钢铁厂一跃而成为世界上最大的独立钢铁厂！

主要事情与次要事情泾渭分明，直奔主题，这的确是很多人成功的经验之一。其实但凡有大智慧的人在做事时，都能够分出轻重缓急，他们不会在鸡毛蒜皮的小事上纠缠不休，否则既浪费了时间精力，又延误了重要的事情。生活中，很多人正是因为缺少分辨轻重缓急的能力，所以做事不得要领，从而导致做起事来效率极低。将事情分出轻重缓急来，择其重点而优先处理，这是避免自己过于忙碌的一个重要原则。

善于利用，小时间也能办大事情

时间就像是海绵里的水，要靠一点一点地挤；时间更像边角料，要学会合理利用，一点一滴地累积，才会得到较长的时间。

时间是由分秒积成的，善于利用零星时间的人，才能做出更大的成绩来。零星的时间，如果能敏捷地加以利用，也可以成为完整的时间。

当日本本田公司打算在美国建厂时，曾任命一位美国劳工专家参与建厂前的一些准备公司。这位专家受邀到一个工厂进行参观，让这位美国人备感惊讶的是，他发现当工厂休息10分钟的铃声响起时，许多生产线上的员工都会继续工作30秒~50秒，即使是负责打字的打字员也是要打完一个段落后才停下来。

这位专家说："30秒~50秒的延迟休息，对于所有员工来说有些不公平，毕竟他们一天工作下来只能休息两次。"

听专家这样说，本田公司的经理马上说道："这没什么大不了的，我们所有的工厂都是这样。"

专家不服气，严肃地说："在美国，这种情况是绝对不会发生的，别指望美国员工会像日本员工这样。美国员工只要铃声一响，就会立刻放下一切工作。他们不想浪费自己的休息时间去工作。"

其实，这位专家的想法是大错特错的。美国本田公司的员工也和日本的员工一样,他们会像主人一样,把工厂看成是自己的,从不会因为多干了一点活儿就满腹怨言。在他们看来,虽然几秒钟不是什么大事情,但聚沙成塔,加在一起可就是个大数目了。

当年,有一家顾问公司曾对美国各个工厂的工人进行过一次调查,调查结果显示,美国工人平均每周要"偷窃"4小时29分钟的上班时间,这相当于一年要浪费6周的时间。而美国本田公司的员工却整整节省了6周的时间,所以美国本田公司的员工一直被称为是最具有生产力的人。

本田公司的员工都清楚,每个人只要节省1秒,全美国本田公司职工就能节省下4000多秒,也就是1个多小时。长年累月,每天额外的1个多小时就会变成许多汽车。所以,员工们经常会说:"1秒钟的威力是多么大啊!"

一个只知道抱怨时间不够用的人是因为不善于利用零碎的时间,不会挤时间做一些必须要做的工作。那些时间的边角料收集起来其实是一笔不小的财富,我们应该学会利用零碎的时间为自己服务。

小额投资足以致富,这个道理显而易见,然而很少有人注意,零碎时间的掌握却足以叫人成功。在人人喊忙的现代社会里,一个越忙的人,时间被分割得越细碎,无形中时间也相对流失得更迅速,其实这些零碎时间往往可以用来做一些小却有意义的事情。例如袋子里随时放着小账本,利用时间做个小结,保证能省下许多力气,而且能随时掌握自己的收支。常常赶场的人可以抓住机会反复翻阅日程表,以免遗忘一些小事或约会,同时也可以盘算到底什么时候该为家人或自己安排个休假,想想自己的工作还有什么值得改进的地方,尝试给公司写几条建议等。只要你善于发现,小时间往往能办大事情。

Chapter 11

不放弃,你的梦想值得你拼尽全力

要是爬山,你就爬到底,因为一跌倒就会跌到深渊里。成功往往是在最后一刻才蹒跚到来,失败只有一种,那就是放弃最后一刻的努力。

不要因为碰壁，就放弃努力

　　因为屡屡碰壁，便放弃努力，最终与梦想擦肩而过，有多少人都是这样的？许多时候，真正让梦想遥不可及的并不是没有机遇，而是面对近在眼前的机遇，我们没有去"再试一次"。要知道，常常是最后一把钥匙打开了门。

　　在绝望中多坚持一下，往往会带来惊人的喜悦。上帝不会给人不能承受的痛苦，所有的苦都可以忍耐，事实上，一个人只要具备了坚忍的品质，便可以苦中取乐，若懂得苦中取乐，则必然会苦尽甘来。

　　美国有个年轻人去微软公司求职，而微软公司当时并没有刊登过应聘广告，看到人事经理迷惑不解的表情，年轻人解释说自己碰巧路过这里，就贸然来了。人事经理觉得这事很新鲜，就破例让他试了一次，面试的结果却出乎人事经理意料之外。他原以为，这个年轻人定然是有些本事才敢如此"自负"，所以给了他机会，然而年轻人的表现却非常糟糕。他对人事经理的解释是事先没有做好准备，人事经理认为他不过是找个托词下台阶，就随口应道："等您准备好了再来吧。"

　　一周以后，年轻人再次走进了微软公司的大门，这次他依然没有成功，但与上一次相比，他的表现已经好很多了。人事经理的回答仍同上次："等您准备好了再来吧。"

就这样，这个年轻人先后5次踏进微软公司的大门，最终被公司录取。

执着能使成功成为必然。

或许我们一路走来荆棘遍布，或许我们的前途山重水复，或许我们一直孤立无助，或许我们高贵的灵魂暂时找不到寄宿……那么，是不是我们就要放弃自己？不！我们为什么不可以拿出勇者的气魄，坚定而自信地对自己说一声"再试一次"！再试一次，结果也许就大不一样。

其实，这世间最容易的事是坚持，最难的事也是坚持。说它最容易，是因为只要愿意做，人人都能做到；说它最难，是因为真正能做到的，终究是极少数的人。但只要你愿意再试一次，你就有可能到达成功的彼岸！

这做人的道理，就好比堆土为山，只要坚持下去，终归有成功的一天。否则，眼看还差一筐土就堆成了，可是到了这时，你却歇了下来，一退而不可收拾，也就会功亏一篑，没有任何成果。所以说，只有勤奋上进，不畏艰辛一往无前，才是向成功接近的最好途径。

99%成功的欲望不敌1%放弃的念头

有一句话，它把坚持与放弃念头的力量作了量化，说来比较形象。那就是，99%成功的欲望也抵不过1%放弃的念头。这句话说的是如果你有99%想要成功的欲望，哪怕你只有1%放弃的想法，也会与你渴盼的成功失之交臂。更多时候，成功与失败的区别只在一念之间，也许完全取决于你能否坚持到最后的一刻。

一位年轻人刚刚毕业，便来到海上油田钻井队工作。第一天上班，带班的班长提出这样一个要求：在限定的时间内登上几十米高的钻井架，然后将一个包装好的漂亮盒子送到最顶层的主管手里。年轻人听后，尽管百思不得其解，但他还是按照要求去做了，他快步登上了高高的狭窄的舷梯，然后气喘吁吁地将盒子交给主管。主管只在上面签下了自己的名字，然后让他送回去。他仍然按照要求去做，快步跑下舷梯，把盒子交给班长，班长和主管一样，同样在上面签下自己的名字，接着再让他交给主管。

这时，他有些犹豫。但是依然照做了，当他第二次登上顶层把盒子交给主管时，已累得两腿直发抖。可是主管却和上次一样，签下自己的名字之后，让他把盒子再送回去。年轻人把汗水擦干净，转身又向舷梯走去，把盒子送下来，班长签完字，让他再送上去。他实在忍不住了，用愤怒的眼神看着班长平静的脸，但是他尽力装出一副平静的样子，又拿起盒子艰难地往上爬。当他上到最顶层时，衣服都湿透了，他第三次把盒子递给主管，主管傲慢地说："请你帮我把盒子打开。"他将包装纸撕开，看到盒子里面是一罐咖啡和一罐咖啡伴侣。这时，他再也忍不住了，怒气冲冲地看着主管。主管好像并没有发现他已经生气了，只丢下一句冰冷的话："现在请你把咖啡冲上！"年轻人终于爆发了，把盒子重重地摔在了地上，然后说了一句："这份工作，我不干了！"说完，他看看摔在地上的盒子，刚才的怒气一下子都释放了出来。

这时，那位傲慢的主管以最快的速度站起来，直视他说："年轻人，刚才我们做的这一切，被称为承受极限训练，因为每一个在海上作业的人，随时都有可能遇到危险。不幸的是，你没有坚持到最后，虽然你通过了前三次，可是最后你却因难忍一时之气而功亏一篑。要知道，只差最后一点点，你就可以喝到自己冲的甜咖啡。现在，你可以走了。"

许多失败者的可悲之处在于，被眼前的障碍所吓倒，他们不明白只要坚持一下，排除障碍，就会走出逆境，就会走出属于自己的一片天空，结果在即将走向成功时，自己打败了自己，也就失去了应有的荣誉，从而与成功失之交臂。

梦想只要能持久，就能成为现实

成功者最初所拥有的也只是梦想，以及毫无根据的自信而已。但是，所有的一切就从这里出发。

一个不抛弃梦想的人，困难也许可以阻挡他实现梦想的脚步，却无法阻挡他梦想成真！有着普通头脑的人，高高地仰起头，在生活中满怀热情和信心，从不停止追求自己的梦想，这是最了不起的。

出生在河南农村的门焕新打小就喜欢写写画画，不过父母对他的爱好并不认可，他们坚持认为只有好好学习将来才会有出息，只有做教师的舅舅给予了他极大的支持。门焕新的舅舅也是一位书画爱好者，并且具有一定的造诣，少年时的门焕新在舅舅的指导下，书画技艺已经达到了一定的水准。

然而，与此同时，门焕新的学习成绩却在不断下滑。1984年的高考，他名落孙山。这时的门焕新是很想复读再考的，但家庭条件不允许，母亲含着泪对他说："儿啊，家里实在没有能力供你读书啊，是爸妈对不起你。"望着头发已有些白发的父母，门焕新不得不暂时顺从命运的安排。

离开校门，门焕新农作之余依然保持着对书画艺术的强烈热爱。除了舅舅，家人和亲戚邻里都在给他泼冷水，但他不为所动，

Chapter 11　不放弃，你的梦想值得你拼尽全力

他觉得自己就是喜欢书画，只要不断学习，说不准哪天也能成书画家呢。

有一次，门焕新用心画了一幅农村田园风光图，得到了舅舅的极大赞许，并鼓励他将这幅画寄给《河南农民报社》。不久以后，《河南农民报》文艺版就把这幅画刊登了出来。门焕新高兴得一夜没合眼，这次小小的成功大大地增强了他的自信心。

后来，由于家庭困难，为了供弟弟妹妹上学，门焕新不得不背起行囊外出打工。他打工的第一站是开封，这段日子十分辛苦，他白天出一天的苦力，到了晚上几乎连胳膊都抬不起来，哪还有心思和精力去练习书画呢？这个时候，门焕新有点迷茫了，他问自己：难道我就是个做苦力的命吗？"不，绝不可以这样！我无法放弃对书画的热爱！"想要摆脱命运的门焕新当即作出一个决定：白天工作，晚上去拜访当地书画界有名望的前辈，让他们给自己指一条明路。不久，门焕新打听到开封市文联主席王宝贵家的地址，这位书法名家建议门焕新进入专业院校进修，系统地学习专业知识。

到专业院校进修——这是门焕新少年时就有的渴望啊！可是他哪有钱呢？不过这一次，门焕新没有向命运妥协，他又找了一份兼职工作，拼了命去挣钱。半年以后，勉勉强强攒足了学费，门焕新终于如愿以偿地进入河南书法函授院研修班。

得益于专业系统的学习，门焕新的书画水平有了极大的提升，他的作品屡屡发表在国内一些颇具影响力的报刊上。不过，这时的他已经结婚生子，生活压力越来越大，他只得再次踏上打工之路。

这一次，门焕新辗转开封、安阳、郑州、常州、杭州、福州等十几个城市。每到一处，他都会前去拜访当地书画界的名家，虚心地向他们请教。此外，他还通过各种途径，到当地书画院校蹭课偷艺。他就这样一边辛苦劳作，一边不断地汲取着多方的知识。

2004年初，有位朋友告诉他，福建省福清市国家级科普教育基地正在招收书画艺术类老师，他立刻带着自己发表过的作品和一份简历前去面试，结果，招聘负责人只匆匆扫了一眼简历就拒绝了他，因为他一不是科班出身，二没有名气。但门焕新并没有气馁，他作出了一个大胆的决定：带着作品，直接去找福清市国家级科普教育基地负责人毛遂自荐。

门焕新的自信和胆识让对方刮目相看，更令他感到意外的是，这样一个貌不出奇、名不见经传的农民工，竟然发表过这么多优秀的书画作品。当即，那位负责人决定聘用门焕新为基地书画培训班老师，但需要一个月的试用期。

第一天授课，门焕新虽然讲得有些生硬，普通话也不够标准，但学生们都听得很认真。再次登台，他已经表现得非常轻松和从容。学生们也都被他那精湛的书画技艺所吸引。一个星期以后，负责人告诉他："你可以提前通过试用期了，我们决定和你签订正式合同！"门焕新几乎要跳起来了，可以说从这一刻起，他扭转了命运，真正走进了书画界的大门。

2004年夏，门焕新的作品被编入一些权威的典籍中，他在书画界的影响力越来越大，翌年，他先后加入了河南省书画协会、中国书画家协会，成为真正意义上的书画家。

Chapter 11　不放弃，你的梦想值得你拼尽全力

从靠卖苦力为生的农民工到令人敬仰的大学讲师，不得不说门焕新创造了一个奇迹。然而对此，他在接受采访时却淡淡地说："我一生痴迷书画艺术，没有理由不成功；我几十年如一日追求书画艺术，也没有理由不成功。只要不抛弃梦想，不放弃追求，每个人都会创造这样的奇迹！"

只要还在尝试，就还没有失败

成功呈**概**率分布，关键是你能不能坚持到成功开始呈现的那一刻。

一提起史泰龙，大家都知道他是一个世界顶尖级的电影巨星，可是他未成名之前的故事，你又知道多少？

史泰龙生长在一个酒赌暴力家庭，父亲赌输了就拿他和母亲撒气，母亲喝醉了酒又拿他来发泄，他常常是被打得鼻青脸肿。

高中毕业后，史泰龙辍学在街头当起了混混，直到20岁那年，有一件偶然的事刺痛了他的心。再也不能这样下去了，要不就会跟父母一样，成为社会的垃圾，我一定要成功！

史泰龙开始思索规划自己的人生：从政，可能性几乎为零；进大公司，自己没有学历文凭和经验；经商，没有任何的资金。竟没有一个适合他的工作，他便想到了当演员，不要资本，不需名声，虽说当演员也要条件和天赋，但他就是认准了当演员这

- 215 -

条路!

于是,史泰龙来到好莱坞,找明星、求导演、找制片,寻找一切可能使他成为演员的人,四处哀求:"给我一次机会吧。我一定能够成功!"可他得来的只是一次次的拒绝。

"世上没有做不成的事!我一定要成功!"史泰龙依旧痴心不改,一晃两年过去了,遭到1000多次的拒绝,身上的钱花光了,他便在好莱坞打工,做些粗重的零活以养活自己。

"我真的不是当演员的料吗?难道酒赌世家的孩子只能是酒鬼、赌鬼吗?不行,我一定要成功!"史泰龙暗自垂泪,失声痛哭。

"既然直接当不了演员,我能否改变一下方式呢?"史泰龙开始重新规划自己的人生道路,开始写起剧本来,两年多的耳濡目染,两年多的求职失败经历,现在的史泰龙已经不是过去的他了。

一年之后,剧本写出来了,史泰龙又拿着剧本四处遍访导演,"让我当男主角吧,我一定能行!"

"剧本不错,当男主角,简直是天大的玩笑!"他又遭受了一次次的拒绝。"也许下一次就行!我一定能够成功!"一次次失望,一个个的希望又支持着他!"我不知道你能否演好,但你的精神一次次地感动着我。我可以给你一次机会,但我要把你的剧本改成电视连续剧,同时,先拍一集,就让你当男主角,看看效果再说。如果效果不好,你便从此断绝这个念头!"在他遭遇1300多次拒绝后的一天,一个曾拒绝过他20多次的导演终于给了他一丝希望。

史泰龙经过3年多的准备,现在终于可以一展身手了,因此,他丝毫不敢懈怠,全身心地投入。第一集电视连续剧创下了当时全美最高收视纪录，最终，史泰龙成功了！

　　有人总将别人的成功归结于运气。诚然，是有那么一点点运气的成分，但运气这东西并不可靠，你见过哪一个英雄是完全依靠运气成功的？而执着，却能使成功成为必然！执着，就是要我们在确立合理目标以后，无论出现多少变故、无论面对多少艰难险阻，都不为所动，朝着自己的目标坚定不移地走下去。一个人若想好好生存，就需要这种忍耐与坚持。

人生进一步，才是海阔天空

　　高智商不是成功的唯一条件，有毅力才是！有创造力的人不一定最聪明，却一定是最能吃苦，坚韧不拔的人。坚韧不拔是所有成功人士的特质。

　　1995年，倮贵祥还是个二十几岁的小青年，在此之前他做过豆腐也卖过成衣，直到有一天，他和朋友到他表哥家看见朋友的表哥培育小鸡，觉得是一条不可多得的致富道路。回去就琢磨起怎么让朋友的表哥把技术传授给自己。在他朋友的帮助下，朋友的表哥被他的真诚感动了，就决定将技术传授给他，半年之后，他就自己搞了个简易的孵化棚，第二批小鸡出售后他就还清了所有的债务。一年之后，他摘掉了贫穷的帽子，在村头立起了第一幢贴满陶瓷的小洋楼。以后几年他的资产一直往上飙，成了镇上的首富，成了先进代表的企业家。风光没多久，一次红白病中，鸡全部倒下了，亏了 100 多万。为了加强技术管理，倮贵祥看了很多关于养鸡的书籍，可不知怎的，尽管他的技术提高了，可鸡就好像是跟他作对似的，健健康康的鸡整天就像是没吃饱、没喝足似的无精打采。就连专业人士也找不出原因。看见孵化鸡的大势已过，他又办起了养猪场，辛辛苦苦养了大半年，就在准备出栏的那个月却因疾痢 30 头肥肥胖胖的猪就死了 22 头，剩下的 8 头也只能亏本销售。

后来，在媳妇的建议下，改种玉米。优质的玉米虽然销量很好，可劳力大，收入不高，所以他决定另找出路。后来，他觉得收废品是个不错的生意，就进入收废品行列，几年下来就达到了千万身家。

成功不但要有毅力，最重要的是心理上的承受能力。想成功，聪明的头脑很重要，正确的判断很重要，是否拥有高的情商很重要，但坚韧不拔的毅力、学力，以及优良的品质更为重要。

在困境中坚持不懈是获得成功的秘密所在。这种坚持的力量是一种即使面临失败、挫折仍然继续努力的能力。我们常常能够看到，正确对待逆境的人能从失败中恢复并继续坚持前进，而当遇到逆境时不能正确对待的人则常常会轻易放弃。然而，成功从来都不是一蹴而就的，它经常要使当事人经过千锤百炼，饱经风霜。或许只有如此人们才能真正体会成功的喜悦。

永不放弃是一种力量。在人生的旅程中，这种力量不仅体现在对事业的追求，而且同样体现在对一种精神的追求上。在很多情况下，这种追求甚至比知识的力量更强大。如果不坚持，到哪

Chapter 11 不放弃，你的梦想值得你拼尽全力

里都是放弃，如果放弃就只能躲进自己的世界，而那个世界也只会越来越小。

先行一步，再行一步，也就到了

有一位禅师欲到普陀寺去朝拜，以酬夙愿。

寺院距离普陀寺有数千里之遥。一路之上，不仅要跋山涉水，还要时时提防豺狼虎豹的攻击。启程之前，众徒都劝阻禅师："路途遥遥无期，师父还是放弃这个念头吧。"

禅师肃然道："老衲距普陀寺只有两步之遥，何谓遥遥无期呢？"

众徒茫然不解。

禅师释道："老衲先行一步，然后再行一步，也就到达了。"

无论做什么事情，只要你迈出开始的一步，然后再走一步，如此周而复始，就会离心中的目标越来越近。不过，如果你连迈出第一步的勇气都没有，那就不要再幻想能有所成了。

有"世界上最伟大的推销大师"之称的汤姆·霍普金斯，在讲述自己的成功经验时说道：

"你不知道，我在踏入推销界之前是多么的落魄，在从事推销后我的命运又发生了怎样的转机。我永远也不会忘记当初参加的那个推销培训班，我的所有收获都源于那次学到的东西，后来，

我又潜心学习，钻研心理学、公关学、市场学等理论，结合现代观念推销技巧，终于大获成功。

"在美国房地产界我3年内赚到了3000多万美元，此后我成功参与了可口可乐、迪士尼、宝洁公司等杰出企业的推销策划。在销售方面，我是全世界单年内销售最多房地产的业务员，平均每天卖出一幢房子。后来我的名字进入了吉尼斯世界纪录，被国际上很多报刊称为国际销售界的传奇冠军。

"当我的事业迎来辉煌的时候，有人问我'你成功的秘诀是什么？'

"我回答说'每当我遇到挫折的时候，我只有一个信念，那就是马上行动，坚持到底。成功者绝不放弃，放弃者绝不会成功！'我要坚持到底，因为我不是为了失败才来到这个世界的，更不相信'命中注定失败'这种丧气话，什么路都可以选择，但就是不能选择'放弃'这条路。我坚信自己是一头狮子，而不是只羔羊；在我的思想中从来没有'放弃'、'不可能'、'办不到'、'行不通'、'没希望'这样的字眼。

"坚持就有成功的可能。我知道每一次推销失败，都将会增加我下次成功的概率；每一次客户的拒绝，都能使我离'成交'更近一步；每一次对方皱眉的表情，都是他下次微笑的征兆；每一次的不顺利，都将会为明天的幸运带来希望。

"我要坚持到底，今天的我不可以因昨天的成功而满足，因为这是失败的前兆，我要用信心迎向今日的太阳，只要我有一口气在，我就要坚持到底。因为我了解成功的秘诀就是：只要我坚持到底，马上行动，绝不放弃，我一定会成功。"

只要你肯努力，什么时候都不晚，人生不是百米冲刺，而是一场马拉松，只要中途不放弃，最后胜利的人可能就是你。只要你还在走，前路的风光就可以属于你；只要你还在走，你就可能成为走在最前面的人；只要你还在走，你就有可能到达你梦寐以求的目的地。

你的失败，或许只是最后一刻没有坚持

人生是一个不停遭遇困难并解决困难的过程，这个过程时而短暂、时而漫长。而当你面对这些不利境况的时候，唯一能做的就是坚持——挺过生命的低谷期，挺过走投无路的艰难期，唯有能挺住，才能看到"柳暗花明又一村"的精彩。

世界电器之王松下幸之助，将松下电器公司从一个只有3人的小作坊做成了一个拥有职工5万人的跨国大集团。虽然经历很多次经济危机的严重冲击，但是它还是在世界电器行业稳稳地站住了脚跟，而很多同行的、非同行的企业却濒临倒闭。人们在惊叹幸之助传奇经历的同时，是否也应该惊叹他善于"挺"的能力呢？就如《松下幸之助创业之道》前言中所说的那样"坚持=成功"。

1898年，幸之助4岁，原本殷实的家境开始没落，生活变得非常拮据。面对生活带给自己的考验，幸之助没有退缩，努力做自己力所能及的家务活。

同年，幸之助的大哥、二哥和大姐先后因病去逝，幸之助被迫辍学，到大阪一家做火盆买卖的店里当学徒。此时的他依然没有被生活的残酷所吓倒，而是勤学好问，做好自己的本职工作。

幸之助创办松下电器公司之初，所有的钱加在一起只有100日元，支持他的总共有4个人：两位老同事森田延次郎、林伊三郎，加上他的妻子和内弟井植岁男。资金不足，人员不足是摆在面前的实实在在的困难。即便如此，幸之助也没有退缩，他选择了接受现实：用100日元和5个工人创办了自己的企业。后来，因为经营不善，两位老同事相继离去，只剩下幸之助夫妇和内弟3个人苦苦地支撑着，艰难地挺过一天又一天。

终于在坚持中，幸之助迎来了第一个订单——1000只电灯底座……随后的道路开始步入正轨。

回想那段时光，幸之助深有感慨地说："那段时间真是异常艰难，甚至连最起码的生活都成问题。"事实确实如此：从1917年4月13日起到1918年8月止，幸之助共十几次将他夫人的衣服、首饰等物品送进当铺抵押借钱以维持自己企业的运转。

松下幸之助的成功，正得益于他的坚持。否则，现在就没有了松下，世上的人也不会知道日本有个幸之助。

很多人的失败，不是因为没有能力，不是因为没有机遇，而仅仅是因为看不到前景而迷失方向，轻言放弃。就像那些对现实生活绝望的人一样，因为看不到明天、看不到希望而选择草率地结束自己的生命。

因此，在你即将放弃的时候，不妨给自己描绘一下美丽的前景，让自己看到美丽的明天，用明天的美丽来唤起今天努力的激情。与其说这是在"诱惑"自己，不如说是在引导自己，引导自己坚持梦想，引导自己挺起胸膛迎接风雨之后的彩虹。

寂寞中的忍耐，将成就你的未来

南京大学教授韩儒林先生曾写过一副楹联："板凳要坐十年冷；文章不写半句空。"范文澜在华北大学甚至更早的时候，也提倡二冷——"坐冷板凳，吃冷猪头肉"。

无论是韩儒林先生的"板凳要坐十年冷"，还是范文澜先生的"坐冷板凳，吃冷猪头肉"讲的都是一样的道理。干事业和做学问一样，都要专心致志，不慕荣誉，不受诱惑，不去追求名利，能够忍受寂寞。而且，要做到不跟风，不随大流，坚定自己的信念，不怕受冷落。一个人要想成就自我，就要学会在寂寞中坚持，在寂寞中磨炼自我。

成大事者必需的条件是等待。在逆境中，只有学会了等待，耐得住寂寞，才能找准时机。要知道，"板凳要坐十年冷"练的是内功。

多年前，俄亥俄州丛林中的一间小木屋里居住着一对贫穷的母子，孩子健康、平安地长大了，母亲为此十分高兴。为了给母亲分忧，他很小的时候便学会了一些农活。他不仅帮助母亲干很多活，而且学习还特别用功，即使是借来的书他都要仔细阅读。

16岁的他看上去已经像一个成年人了,能够一个人把一群骡子赶到城里去。于是,母亲给他找了一份工作——在一个学校擦洗地板和打铃,而他从中所得的报酬刚刚能够支付他的学习费用。

在第一个学期,他只花费了17美元。到下一个学期开学时,他的口袋里只有6个便士。第二天,就连最后的6个便士也被他捐给了教堂。无奈之下,他又找到了一份新的工作,每晚以及周末,他要为木匠做一些杂活,如刨木板、清洗工具、管理灯火等,每周可以拿到2美元的工资。在工作后的第一个星期六,他一口气刨好了51块木板,木匠看他如此勤奋,又给了他2美元的奖金。

就这样,他靠自己的能力支付了这一学期所有的学习费用。没过多久,这个小伙子凭着自己的努力,以优异的成绩考入了威廉斯学院。两年后,他以同样优异的成绩拿到了毕业证书。

在他26岁那年,他成功地进入了州议会。他33岁那一年,已经成为了年轻的国会议员。50岁那年,他走进了白宫,成为了美利坚合众国的总统,他就是众所周知的詹姆士·加菲尔德。

没有人能随随便便成功,所以,成功者无不是经历了长时间的准备,吃过苦,遭过罪,受过冷遇,挨过寂寞。庆幸的是,他们都挺了过来。每一个成功者,都有着不一样的经历,这些经历丰富了他们的人生阅历,同样地,这些人生阅历中最重要的一点就是都在为了自己的梦想努力着,不断地克服一个又一个的困难,直到自己实现了自己的成功为止。

Chapter 12
如果没有直通车,且行且转弯

如果尽了全力,依然一无所获,那么可能是这条路走错了。这个时候,我们需要承认错误,明智地绕过暗礁,避凶趋吉,让自己理性地抵达阳光的彼岸。

想要梦想实现，先要从梦中醒来

　　天上的星星固然美丽，但如果我们想要把它摘下来，这显然是不现实的。制定成功的目标，不能虚空想象，也不能好大喜功，不要把某种不切实际的欲望当成要付诸行动的目标。否则，你只会徒劳无功。

　　看过一篇报道：一个15岁的少年为了实现自己当歌星的"梦"，以割腕自杀为要挟逼迫父母拿钱出来送他去北京学音乐，继而离家出走，最后流落到收容站，彻底中断了学业。

　　有位中年男人，四十几岁的模样，每天日出而歌，日落而息。与那个少年一样，多年以来他的心里始终藏着一个美丽的音乐梦，不同的是，这一路走来，他将自己的梦想融入到了平凡的生活中，在他洗漱完毕高歌那首《我的太阳》时，在他心里自己俨然就是帕瓦罗蒂。

　　还有一处很大的不同：中年男人的音乐梦只是为歌而歌；而少年，恐怕他的梦想并不在于艺术，而是明星身上那令人炫目的光环、粉丝那山呼海啸的呐喊，以及随之而来的无边名利。

　　所幸，少年还只是少年，还有机会从黄粱梦中醒来，而又有多少人迷失已久，待迷途知返时，才知道，积重已然难返。

　　诚然，人往高处走，水往低处流，每个人都希望自己能迅速达到成功的最高峰，这是人之常情，无可厚非。可是理想再高远，如果不是踏踏实实、一步一个脚印地往前迈，那这个理想再美好，也不过是海市蜃楼，只能空想罢了。

从哲学的角度上说，梦想未必需要伟大，更与名利无关，它应该是心灵所向往的一种美好，人们从中能够得到的，不只是形式上的愉悦，更是灵魂上的满足。

还记得多年前曾听过一个陕北女人的故事。那个30岁的女人很小时就梦想着能够走出大山，像都市中那些职业女子一样去生活。可彼时的她，有疾病缠身的老公要照顾，有咿呀学语的孩子要抚养，这个家需要她来支撑。走出大山的梦，对于一个文化程度不高、家庭负担沉重的山里女人来说，不仅遥不可及，而且也不现实。

10年之后的这个女人，满脸都是骄傲和满足。不过，她并没有走出大山，而是在离村子几十公里的县城做了一名销售员。成为都市白领的梦想，恐怕这一生都无法实现了，但取而代之的却是更贴近生活、更具现实感的圆梦的风景——她终于看到了山外的风景，也终于有了自强自立的平台。

很多时候，我们无法改变所处的客观环境，但可以改变自己，可以变通自己的思维方式和价值观念。只有敢于改变自己，不断接受新的挑战的人，才能从一个成功走向另一个成功，从一个辉煌走向另一个辉煌。有时候，一个人纵然有浩然气魄，却脱离了生活的实际，那么他的梦想也不过就是美梦一场。

梦想就像那高高飞起的风筝，你可以把它放得很高，但不要让它脱离你的掌控，有时还要尽可能地拉回奢望的线，让梦想接点地气，具有踏踏实实的烟火感。这样的人生才更具有生气和活力，这样的梦想才能得到实现的机遇。

坚持错的目标，比没有目标更可怕

有一个记者采访一位成功的企业家，当问到他成功的秘诀是什么的时候。企业家说："第一是坚持，第二还是坚持，第三……"记者接过话茬道："第三还是坚持吧？"企业家笑笑说："不，第三是放弃。"

这位企业家清楚地阐述了坚守与调整的关系。"坚守"是坚决守卫，不离开或不改变；为了成功，要坚持不改变。如果没有成功，可能是你努力得还不够，需再坚持。如果努力后还未成功，那么就是你努力的方向错了。此时应当改变原来的方向，以适应客观环境和要求，即调整，放弃错误的目标。

美国著名幽默短篇小说大师马克·吐温曾热衷于投资，但生来不具备经济头脑的他，总是落得一败涂地、血本无归。

马克·吐温的第一次经商活动，是从事打字机投资。那时，马克·吐温已经45岁了。在此之前，他靠写文章发了点小财，并有了点名气。一天，一个叫佩吉的人对马克·吐温说："我在从事一项打字机的研究，眼看就要成功了。待产品投放市场后，金钱就会像河水一样流来。现在我只缺最后一笔实验经费，谁敢投资，将来他得到的好处肯定难以计数。"马克·吐温听完，爽快地拿出2000美元，投资研制打字机。

一年过去了，佩吉找到马克·吐温，亲热地对他说："快成功了，只需要最后一笔钱。"马克·吐温二话没说，又把钱给了他。两年过去了，佩吉又拜访了马克·吐温，仍亲热地说："快成功了，只需要最后一笔钱了。"三年、四年、五年……到马克·吐温60岁时，这台打字机还没有研制成功，而被这无底洞吞掉的金钱，已达15万美元之多。

马克·吐温的第二次经商是创办出版公司。马克·吐温50岁的时候，他的名气更大了，他所写的书有不少都成了畅销书。出版商看准这一行情，竞相出版他的作品，因此发财的大有人在。看着自己作品的出版收入大部分落入出版商的腰包，而自己只能拿到其中的1/10，马克·吐温颇有感触。他决心自己当个出版商，出版作品。可是，马克·吐温没有建立和管理出版公司的经验，就连起码的财会知识都不懂，他只好请来30岁的外甥韦伯斯特当公司经理。

马克·吐温出版的第一本书是他的小说《哈克贝利·费恩历险记》。它一出版，销路就很好。马克·吐温出版的第二本书是《格兰特将军回忆录》，这本书也成了畅销书，获利64万美元。马克·吐温被这两次偶然的胜利搞得昏昏然，他继续扩大业务，但他万万没有料到，韦伯斯特却在此时卷起铺盖一走了之。出版公司勉强维持了10年，最后在1894年的经济危机中彻底坍塌。马克·吐温为此背上9.4万美元的债务，他的债权人竟有96个之多。

直到这时，穷困潦倒的马克·吐温才认清自己，开始一心致力于写作。然后，他用3年的时间还清了所有债务，并最终成为举世闻名的大文豪。

如果放错了地方，宝物也会变成废物；如果地方对了，木头也有不可替代的价值。假若你所做的事符合自己的目标，并且符合自己的性格、能够发挥自己的优势，那么，困难对你而言就只是浮云，把自己的梦想坚持下去，你会得到自己想要的。如果说这个目标本身是错的，你却仍要奋力向前，而且意志坚定、态度坚决，那么，由此导致的负面后果，恐怕比没有目标更为可怕。

别在不属于自己的地方白费力气

人的智能发展总是不平衡的，如果执意在"贫瘠的土地上"耗费精力，就会荒废"肥沃的田野"。

做任何事情，先要了解自己在哪里能实现最大价值，然后再走进那个领域，去实现这种价值。这样才更有可能与机会不期而遇。

歌德在自己20多岁的时候，一直梦想着自己能够成为一名像达·芬奇那样杰出的画家。为了能够实现这个梦想，歌德曾经一度沉溺于色彩的世界中难以自拔。他为了提高自己的画画水平，付出了艰辛的努力，可是到头来收效甚微。

一个偶然的机会，歌德到意大利去游玩。当看到那些大师的杰出作品之后，他才如梦方醒：以自己在绘画上的才情，即使是花费自己这一生的精力，也是很难在画界有所建树的。

从这以后，歌德就毅然决定放弃绘画，把文学作为了自己的主攻方向，最后，歌德成功了。

在成功之后，当歌德回顾起自己的成长经历时，总是不忘记告诫那些头脑发热的年轻人，千万不要盲目地相信兴趣，一心只知道跟着感觉走。歌德后来感慨地说道:"要真正地发现自己并不容易,我几乎花了半生的光阴。"总有一些事情是自己能够做的,而且也能做出一些成绩,可是相对而言,还有一些事情是你永远都不可能做成的,了解这一点,对于我们的成功是至关重要的。

我们每个人都有自己特有的天赋与专长,从某种意义上来讲,我们每一个人都可以称为"天才"。但是往往只有极少数人能够发现自己的天赋,并且把它充分发挥出来,最后他们才获得了真正的成功,也自然而然成为真正的天才。

可是,对于我们大多数人来言,直到白发苍苍也没有发现自己真正适合去做些什么事情。不难想象,每一天,不知道有多少天才带着他们终生的遗憾离开了人间。

希腊圣城德尔斐神殿上镌刻了这样一句著名箴言:"认识你自己"。只有当我们认识了自己,才能认识世界,而且认识自己远远超过认识世界。我们要想成就一番事业就必须对自己有一个正确的认识,这是最起码的要求。

放弃一个机会,可能得到更好的机会

如果有人准备学打高尔夫球这种难度极高的运动项目,他将为设备、附件、教练和训练花上大笔的金钱,他还会将昂贵的球杆不经意间打进池塘,他也常常会遭受挫折。如果他学习高尔夫球的目的是成为一位高尔夫球好手,或者在与朋友们相聚时可以共同打打球，那么这些投入是十分必要的。而且他还必须持之以恒，才会达到自己的目的。

如果他的目标仅仅是为了每周运动两次，减轻几磅体重并加以保持，使自己神清气爽的话，他完全可以放弃高尔夫球，只需找风景好的地方快走就可以了。如果他在拼命练习了一个月或两个月的高尔夫球之后，渐渐认识到这一点，而放弃高尔夫球，开始进行快步走的锻炼方式，那人们对他的评价可能是说这个人没有恒心、毅力，或者说他有自知之明。那么到底是没有恒心还是有自知之明，既要看问题的角度，还要看实际效果。有时候明智地放弃一个可有可无的机会，就会得到另一个更好的机会。

马克·维克多·汉森经营的建筑业彻底失败，他因此破产，最后完全退出了建筑业。

很多人喜欢听到的是马克如何令人惊讶地重返建筑业，一步一步爬上成功顶峰的令人欢欣鼓舞的故事。如果马克是用一生的精力这样做，这又将是一个关于恒心和毅力的传奇故事。这类故事很多，只不过马克却不是这类故事的主人公。

他彻底地退出了建筑业，忘记了有关这一行的一切知识和经历，他决定去一个截然不同的领域创业。他很快就发现自己对公众演说有独到的领悟和热情。他很快又发现这是个最容易赚钱的职业。一段时间之后，他成为一个具有感召力的一流演讲师。终于有一天，他的著作《心灵鸡汤》和《心灵鸡汤第二辑》双双登上《纽约时报》畅销书排行榜，并停留数月之久。马克成为富翁，看到了更大一片天空，只是因为他换了一个看天的角度。

连·史卡德家的墙上有一个相框，里边有十几张名片，每张名片都代表了他从事过的一项工作。有的工作是由于自己做不好而放弃了，有的工作虽然自己完成得很好但不喜欢所以放弃了。对这十几项工作，他没有一项能坚持到底。然而，他的执着精神是以不断地寻找最适合自己的工作而表现出来的，他找到了一个适合自己的职业，一直做了十多年，最后成为百万富翁。他建立了一个跨国公司，在全世界有几千家分销商。

在密歇根州的艾达市，你会看到规模宏大、布局复杂的安利公司。该公司现在拥有几十万个分销商，年营业额以十亿美元计。正是因为李奇·德沃斯和杰·瓦·安德尔这两个好友，当年连续更换了许多次工作，直到最后由于对公司管理层的不满而退出了纽奇莱特公司，才有了今天的安利公司。如果你每年在玫琳凯公司召开年度大会的时候去达拉斯市，你会看到几千名粉红装束，开着粉红色卡迪拉克和别克轿车的女强人。而玫琳凯公司作为化妆品的王国，最开始创建的原因，是玫琳凯·艾施女士在一家直销公司做经销商遭受到生意上的挫折，她辞职后自己创办了玫琳凯公司。

哪一片天空更广阔一看便知，但要下定"换一个角度"的决心需要你具有勇于放弃那些看似有用实则无用的"机会"的心态。

如果尽力无功，就给自己一个新的机会

如果有些东西费尽心思也得不到，就没有强求的必要，如果有些事情用尽全力也不能圆满，放弃也不会是遗憾。坚持固然重要，但面对没有结果的事情，我们不必抱残守缺，放弃眼前的

残局，也许就会出现一条新的道路，而这条新路很可能就能通向成功。

翟云大学毕业以后，跟所有求职者一样，向许多公司投递出自己的简历。在校期间，翟云是一名品学兼优的学生，可是几百份简历投出去以后，却如泥牛入海，杳无音信。

焦急地等待了两个月，终于有一个机会出现在翟云面前——一家网吧招聘管理员，月工资2000元，一天要工作12个小时。虽然待遇不高，工作辛苦，但是翟云非常开心，毕竟这是自己的第一份工作，她尽心尽力地做着。然而，仅仅过了一周，老板就给她结清工资，让她另谋高就了，原因是她的"腿脚不好"。

翟云患有先天性小脑偏瘫，还得过小儿麻痹，所以走起路来一跛一跛的。虽然她的专业技术良好，而且工作时比别人都卖力，可是仍得不到同等的待遇。翟云也曾迷茫过：难道自己这么多年的勤学苦练、孜孜不倦，都没有丝毫的意义吗？

然而，从小受尽嘲讽和白眼的她有着异常顽强的个性。

"既然做不了好员工，那就做个好老板吧！"翟云决定换条路走走看。下定决心，她将这个想法告诉了妈妈，妈妈虽然担心她自己创业艰难，但不忍心打击她，就拿出了自己的私房钱——10000元交给了她。就这样，翟云在社区里租房开店，取名为"腾云电脑"。

创业之初，翟云的客户少得可怜，难以维持生计。她想尽办法，利用一切机会宣传，将自己店铺的介绍夹到报纸里传送。艰难地度过了几个月之后，越来越多的人知道了她的电脑维修店，了解到她专业技术好，维修认真，而且收费低廉。口口相传，大家纷纷介绍客户给她。技术和信誉让她的生意越来越好，翟云又趁势在本市开了几家连锁店，雇用了几名员工。后来还发现电脑知识正在普及，于是办起了电脑培训班，真正走上了创业致富的路子。

有人问她："一个残疾人，怎么有胆量自己开店？"她说："一开始我只想找一份工作，做一名好员工，但是当发现这条路实现不了的时候，我就换了个角度想问题，决定换条路走走看，谁知道，做着做着就做得有模有样了。"

此路不通就绕行，给自己新的机会，让自己找到展示能力的平台，就会获得成功。

不合实际的固执带给人的只能是失败，而不是成功的幸福。为了事业的成功，或者人生的成功，勇往直前，这本来是件好事，然而一旦走错了路，又不听别人的劝告，不肯悔改，结果就会与自己的奋斗目标相距越来越远。

直路走不通，绕过去就是一条新路

任何人的身体都不是直肠子，吃完东西就马上出去了。造物主之所以造人的时候制造这么多复杂的弯儿，就是要告诉他们，直路走不通，绕个弯儿也许就成了。人生如登山，从山脚到山顶往往没有一条直路。为了登上山顶，人们需要避开悬崖峭壁，绕过山涧小溪，绕道而行。这样看似乎与原来的目标背道而驰，可实际上能够到达山顶。

当我们在生活中遇到没有直路可走的情况时，不妨回过头来，找一条弯道，或许，绕过去便可以找到一条新路了。天无绝人之路，我们之所以会感到走不通，那是因为我们自己的思路狭隘，缺乏"绕道"的意识。

弗兰克·贝特克是美国著名的推销员，他曾经让一个不近人情的老人捐出了一笔巨款。

有一次，人们为筹建新教会进行募捐活动，有人想去向当地的首富求助。但是一位过去曾找过他却碰了一鼻子灰的人说："到目前为止，我接触过不计其数的人，可是从未见过一个像那老头那样拒人千里之外的。"

这个老富翁的独生子被歹徒杀害了，老人发誓说一定要用余生寻找仇敌，为儿子报仇。可是很长一段时间过去了，他却一点线索也没有找到。伤心之余，老人决定与世隔绝，于是把他跟所有人的联系都切断了。他闭门不出的日子已经持续了接近一年。

弗兰克了解了这些情况之后，自告奋勇要去找那老人试一试。第二天早晨，弗兰克按响了那栋豪宅的门铃。过了很长时间，一位满脸忧伤的老人才出现在大门口。"你是谁？有什么事？"老人问。

"我是您的邻居。您肯让我跟您谈几分钟吗？"弗兰克说，"是有关您儿子的事。""那你进来吧。"老人有些激动。

弗兰克小心翼翼地在老人的书房坐下，提起了话头。

"我理解您此时巨大的痛苦。我也跟您一样，只有一个独生子，他曾经走失过，我们两天多都没有找到他，我可以想象得到您现在有多么悲伤。我知道您一定非常爱您的儿子，我深切同情您的遭遇。为了让我们都记住您的儿子，我想请您以您儿子的名

Chapter 12　如果没有直通车，且行且转弯

义，为我们新建的教会捐赠一些彩色玻璃窗，在那些美丽的玻璃窗上我们会刻上您儿子的名字，不知您……"

听到弗兰克恭敬而暖心的话语，老人似乎显得有些心动，于是就反问道："做那些窗户大约需要多少钱？""到底需要多少，我也说不清楚，只要您捐赠您乐意捐赠的数目就可以了。"

走的时候，弗兰克怀里揣着老人给的一张 5000 美金的支票，这在当时是一笔惊人的巨款。

为什么别人都碰钉子的事情，弗兰克却能够如愿以偿？弗兰克说了这么一段话："我去找那位老人不是为了他的捐助，我是想让那位老人重新感受到人们的温暖，我想用他儿子唤醒他的爱心。"弗兰克知道开门见山地直接和富翁谈募捐是行不通的，因此，他就绕了一个弯子，用一种感人方式，得到了富翁的认可，不仅得到了别人梦寐以求的捐助，更使富翁感受到了人间的温暖和关爱，使他走出了心灵的阴霾，这种思维方式是值得我们学习的。

人的一生，有许多事是不以自己的意志为转移的，会遇到很多波折和障碍。理想与现实的距离有时很大，大到即使你付出了全部努力，也不能保证成功。这种情况下，我们也应该学会转弯，条条大路通罗马，我们转个弯换条路试试。

有时绕个弯，反而能提前达到目的

人做事在于巧，不在于强硬。真正聪明的人不会急着冲锋打头阵，而是想着怎么绕个弯儿，提前达到目的。

在解决问题时，有些人总是习惯直来直去，一味蛮干。这样做虽然不见得都会失败，但有时候却很吃力。其实我们完全可以采用一种比较省力的方式，运用迂回战术，达到轻而易举地获得成功的目的。

20世纪80年代初，各国汽车厂商开始大举进攻美国市场，日本实力最雄厚的"丰田"汽车公司也想从美国市场上分一杯羹。但是美国汽车业因国外汽车涌入受到了重创，所以，美国开始出现了关贸保护主义，对外国的汽车厂商持敌对态度。

"丰田"没有直接用价格战或者其他直接的手段进入美国，而是采取了迂回战术。首先"丰田"汽车公司提出与美国汽车公司合资办厂，为美国人提供"丰田"公司的先进技术，美国人当然非常高兴地跟他们合作了。

因为有了美国人的支持，"丰田"公司很快就在美国站稳了脚跟。大批"丰田"汽车开始在美国市场上出现，"丰田"车美观的设计和优良的性能使它在美国大受欢迎。时机成熟之后，"丰田"公司又在美国建立了独资的汽车制造厂，并以此为大本营，一步步拓展其在美国的势力。美国的汽车公司这才感觉到自己上了

"丰田"公司的当，但是此时"丰田"已经成功地打开了美国的大门。"丰田"公司正是采用迂回战术，麻痹了美国人，淡化了竞争，缓解了美国人群起抵制的灾难性影响，从而使自己获得了成功。

真正的成功来源于成功者独到的眼光和智慧，尽管竞争惨烈，但不一定要让自己付出多么惨痛的代价才能换得那个结果。人生只有一次，我们要学会预算成本，生命需要惊涛骇浪，但并不是越惨烈越好，假如可以以很少的代价换得最大化的成功，那不是更好吗？只知道直来直去、不懂得侧面迂回的人，往往都会碰得头破血流，就算最终能够取得成功，也往往劳心费力。我们不妨转换思维方法，直走不通的时候，绕道而行，采用迂回思维，这样就可以迈出困境，取得出奇制胜的效果，获得成功。

人生也有回头路，而且可能是出路

每个人生的阶段过后，你或许都会抽出时间来回想，看看自己曾经走过的路是不是会留有遗憾，即便是你留下遗憾了，你也会告诉自己遗憾就是遗憾，是再也没有办法挽回的。但是要知道在很多时候，你的遗憾也可以在当下挽回，你也可以将自己的遗憾变成是自己美丽的转身，在你决定走回头路的时候，你也能够将自己的遗憾化解，让自己不再遗憾。

当你决定走回头路的时候，首先会面对一定的压力，要告诉自己以前的遗憾或者是以前犯过的错误自己是不能再犯的，不管是在什么时候，你都要知道这是个事实，如果你无法挽救自己以前的遗憾，那么你的回头路上也许还会出现同样的遗憾，所以说回头路不好走，但是并不代表不能走，走回头路，一样也是你的一个选择，如果你能够在恰当的时候选择这条回头路，最终你会发现回头路是一个不错的选择。

李万江是高中毕业，后来和刘江民一起创业，创业初始是十分艰难的，但是两个人从来没有害怕过，经过两个人两年的努力，他们的印刷公司业务不断多了起来，经过几年的发展，企业也越来越大，但是，渐渐地，两个人出现了矛盾。

矛盾的起源是如何来管理公司，李万江希望公司能够朝着更加正规化的方向发展，而刘江民觉得现在公司还没有必要谈管理，需要的是更多的业务，如果能够将公司规模扩大，再谈管理也不晚。因为这些矛盾，两个人渐渐地开始了争吵，最终李万江决定离开公司，自己到外面经营自己的事业，但是创业不是一件简单的事情。李万江经过了两年的打拼，还是一事无成。刘江民因为人际关系很广泛，经营的企业也越来越好，但是这个时候，他发现管理成了一个很关键的问题，但是管理正是刘江民不擅长的，于是，他想起了自己曾经的创业伙伴，刘江民找到了李万江，表达了自己的愿望，他希望李万江能够重新返回公司，帮助自己经营管理公司日常的事务。

李万江不知道自己该不该回去，但是经过再三考虑，他还是选择了回到自己曾经待过的地方，在这里，他开始施展自己的管理能力，经过半年的努力，他让公司的管理和业务变得更加顺畅，很快自己也成为了这家公司的高层管理者。

回头路不是不可以走，在你走回头路的时候，或许你能够让自己多一个选择的机会，在这个选择面前你或许会犹犹豫豫，但是没有关系，最重要的是，你能够明白自己为什么要选择走回头路，在这条回头路上自己拥有什么，能够变成什么样的人。所以说不要在意自己曾经拥有的痛苦，或许你在这条路上伤心过，也或许你在这条道路上失败过，但是最关键的是，你能够让自己勇于改变伤心，走出伤心，最终实现自己的成功。

有些时候，如果你想要走回头路，其实也未必不可。因为你需要给自己一次机会，也需要给别人一次机会，或许这次机会就是你成功的关键，在人生的道路上，只要能够让自己快乐，或者是说能够让自己感受到自己存在的价值，那么你就应该选择，做出自己的选择其实并不是一件简单的事情，如果在这个时候你能明白这一点，你就能够实现自己的成功。所以说不要认为回头路只是一条死路，没有取胜的一点可能，要知道如果在回头的路上你取得了很多的进步，那么最后你也会收获很多。回头，你会看到不一样的风景，那么在不一样的风景中，你需要掌握的就是让自己在其中得到快乐。

谁说回头路不可以走？有时回头走一段，或许就是晴天。在合适的时候，你完全可以选择转身，或许在你转身的瞬间你能够感受到自己的成功和自身的价值。选择走回头路没什么可耻，也不是一件没有面子的事情。因为这只是一个选择，一个自己的选择，不要想得过多，只要是对自己或者是对自己在意的人有利的事情，那么你就可以走回头路，让自己在转身的时候遇到自己想要遇到的，完成自己没有完成的梦想，这并不是一件坏事。